机械制图
项目实践教程

主　编　李　婷

主　审　冯小劳

副主编　陈俊英

编　委　黄建军　莫爵超

　　　　梁明乾　黄素兰

四川大学出版社

责任编辑:武慧智
责任校对:陈　怡
封面设计:原谋设计工作室
责任印制:王　炜

图书在版编目(CIP)数据

机械制图项目实践教程 / 李婷主编. —成都:四
川大学出版社,2014.9(2020.8重印)
ISBN 978-7-5614-8010-6

Ⅰ.①机…　Ⅱ.①李…　Ⅲ.①机械制图-中等专业学
校-教材　Ⅳ.①TH126

中国版本图书馆 CIP 数据核字(2014)第 207690 号

书名	机械制图项目实践教程
主　编	李　婷
出　版	四川大学出版社
地　址	成都市一环路南一段24号(610065)
发　行	四川大学出版社
书　号	ISBN 978-7-5614-8010-6
印　刷	四川永先数码印刷有限公司
成品尺寸	185 mm×260 mm
印　张	16.375
字　数	389 千字
版　次	2014 年 9 月第 1 版
印　次	2020 年 8 月第 2 次印刷
定　价	50.00 元(含习题册)

◆ 读者邮购本书,请与本社发行科联系。
　电话:(028)85408408/(028)85401670/
　(028)85408023　邮政编码:610065
◆ 本社图书如有印装质量问题,请
　寄回出版社调换。
◆ 网址:http://press.scu.edu.cn

前　言

目前，中等职业学校招生规模还断扩大，学生入学门槛不断降低，课程内容的实用性和够用性成为教学改革的一项重要内容，顺应课程改革的大趋势，以及当前学生的现状和企业的实际需要，编写这本教材。

一、本书特点

机械制图是工科学生必须掌握的一门专业基础课，传统教材理论性较强，本书在总结了多年的教法实践经验的基础上，对机械制图的知识点进行重新整合，将各个知识点融入到项目当中，打破以往流水帐式的编写结构；本书注重知识的实践应用，让学生在做中学，在学中做；在每项任务的选材过程中，基于在校实习内容，将抽象的问题具体化和生活化，将复杂问题简单化，重点培养学生的尺规绘图能力和徒手绘图能力，培养学生的空间想象能力和识图能力。

二、内容介绍

本教材将制图内容划分为四个模块：一是制图基本知识，二是识读视图，三是识读零件图，四是识读装配图。按模块——项目——任务格式设置，每一个任务都分为"布置任务"、"相关知识"、"任务实施"、和"知识拓展"四个部分，在每个项目后有"任务评价"环节，另外配一套习题集。

在"布置任务"这一环节中，先把零件图展示出来，让学生学会发现问题，在解决问题的同时，找出新知识，以达到提高求知欲的目的；在"相关知识"部分中，把本任务用到的知识点以实例进行讲解；在"任务实施"中详细列举绘图技巧和识图方法，以便巩固应用；"知识拓展"中把任务中没有涵盖的知识点或要加强练习的技能进行补充；"任务评价"中，把每个项目中要重点掌握的内容进行自评，小组评价和教师评价，将课堂表现和学习态度纳入评议范围，提升自我要求。

习题集除基本练习之外，增加提练总结环节，进一步延伸观察能力，培养归纳总结的能力。

本教材适合中职类学校工科专业使用。李婷老师编写模块一、二；陈俊英编写模块三中的项目一、二；黄建军编写模块三中的项目三、四、梁明乾编写模块三中项目五，莫爵超编写模块四中的项目一、二；黄素兰老师编写模块四的项目五。

由于作者水平有限，书中疏漏和错误之处在所难免，欢迎广大读者提出宝贵意见。

编　者
2014 年 6 月

目　录

模块一　制图基本知识

项目一　国家标准的相关规定

项目描述

机械图样是机械设计和制造和重要技术文件，是工程技术人员的共同语言。为了正确地绘制和阅读机械图样，必须熟悉机械制图国家标准的基本规定。

通过本项目的学习，掌握国标规定中有关图幅、标题栏、线型、比例、汉字和数字书写规定，掌握国标规定中尺寸标注的内容。

任务1　绘制钳工实习图形（1）

布置任务

本钳工实习件是一个比较简单的形体，在绘制图1-1-1图样的过程中，学习国标规定的具体内容。

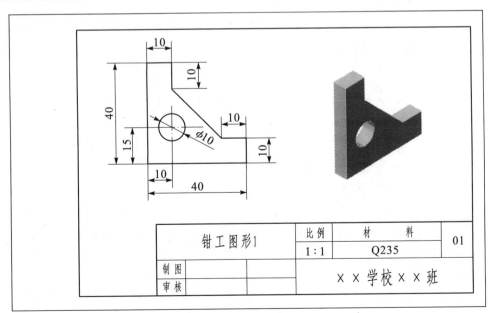

图 1-1-1　图样

1

相关知识

一、一张完整的零件图应包括下列基本内容：

（1）图框、标题栏：图形画在图框里合适位置，标题栏中用文字填写相应内容。

（2）一组图形：图形中有不同的线型，有粗有细，有连续的和不连续的。

（3）尺寸：有数字、有箭头，还有一些符号。

（4）技术要求：有关加工过程中的具体要求。

二、国标规定

（一）图框（GB/T 14689－2008）

图框有外边框和内边框。

1. 外边框的尺寸共有五种：（数字单位为 mm）

A0　841×1189　A1　594×841　A2　420×594　A3　420×297　A4　210×297

图框格式有横装和竖装，一般 A3 用横装，A4 用竖装；绘制时用细实线来绘制外边框。

2. 内边框是在外边框的基础上向内侧绘制。分两种情况：

（1）如留装订边：左侧留 21 mm，其余各侧留 10 mm（A0、A1、A2）、1 mm（A3、A4）的间距。

（2）不留装订边：各侧留 20 mm（A0、A1）、10 mm（A2、A3、A4）的间距。

内边框是绘制图形有效区域，要用粗实线来绘制。

（2）标题栏（GB/T 10609.1－2008）

标题栏位于图框的右下角。外框线用粗实线绘制，其右边和底边与内边框重合，用于学生作业的标题栏的规定尺寸如图 1－1－2、1－1－3 所示。

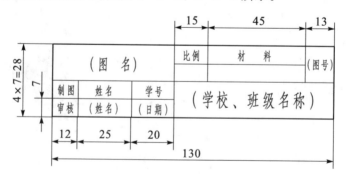

图 1－1－2　零件图标题栏

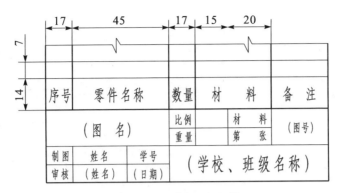

图 1—1—3 装配图标题栏

注意：读图方向要与读标题栏的方向要一致。

（三）字体（GB/T 14691—1993）

图样中所用到的文字有汉字、字母和数字。书写时的要求是：字体工整、笔画清楚、间隔均匀、排列整齐。字体的高度（字体号数）有 8 个系列，分别为：1.8，2.5，3.5，5，7，10，14，20 mm；其中常用的是 3.5 号字。

1. 汉字：长仿宋体，并用国家推行的简化字。其书写要领是：横平竖直、注意起落、结构匀称。示例如下：

机械制图字体　字体端正　笔划清楚
排列整齐　间隔均匀

2. 字母和数字：可写成直体或斜体。斜体的字头向右倾斜，与水平线成 75°，工程上常采用斜体书写。示例如下：

1234567890　*ABCDGHMRIⅡⅠY*

abcdghkmpαβγ

（四）图线（GB/T 17450—1998）

1. 线型：在工程图中用不同的线型表达不同的含义，线条的形式和应用举例见表 1.1。

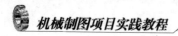

表 1-1　常用线型名称及应用举例

名称	线型	线宽(d)	应用	举例
粗实线		0.35 0.5 (0.7)	可见轮廓线	
细实线		0.25	尺寸线及尺寸界线、剖面线、引出线	
虚线		0.25	不可见轮廓线	
细点画线		0.25	轴线、中心对称线	
波浪线		0.25	断裂处的分界线	
双折线		0.25	断裂处的边界线	
粗点画线		0.5	有特殊要求的表面的表示线	
双点画线		0.25	极限位置轮廓线,假想投影轮廓线,相邻辅助零件轮廓线,轨迹线	

2. 图线的画法:

(1) 间隙:除非有特殊规定,两条平行线之间的最小间隙不得小于 0.7 mm。

(2) 相交:虚线以及各种点画线相交时,应恰当地相交于线,而不应相交于点或间隔,

但虚线是实线的延长线时,相交处应留有间隙,如图 1-1-4 所示。

(3) 图线重叠时的画法:

当两种或两种以上的图线重叠时，应按以下顺序优先画出所需图线：

可见轮廓线→不可见轮廓线→轴线和中心对称线→双点画线。

（4）对称中心线的画法：

对称中心线应超出其轮廓线 2～1 mm，在较小的图形上绘制点画线有困难时，可用细实线来代替。如图 1—1—4 所示。

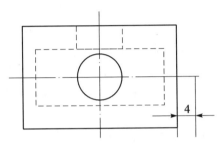

图 1—1—4　图线的画法

注意：1. 在同一图样中，同类线宽应基本一致；虚线、点画线及双点画线的线段长度和间隙应大致相等。

2. 图线不得与文字、数字或符号重叠、混淆。不可避免时，应首先保证文字、数字或符号清晰。

（五）比例（GB/T 14690—1993）

绘图构思时，图纸的大小选择与绘图比例有一定的关系。绘图比例的选取有以下几种：

1. 原值比例（首选比例）：1∶1

2. 放大比例：2∶1、5∶1、10∶1、（4∶1、2.5∶1）

3. 缩小比例：1∶2、1∶5、1∶10、（1∶1.5、1∶2.5、1∶3、1∶4、1∶6）

如图 1—1—5 所示为同一物体不同比例绘制的图形。

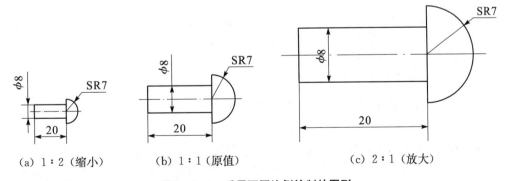

(a) 1∶2（缩小）　　　(b) 1∶1（原值）　　　(c) 2∶1（放大）

图 1—1—5　采用不同比例绘制的图形

注意：1. 非括号内的比例是优先选择比例，括号内的比例是允许选择比例；

2. 不论采用何种比例，图形中所标注的尺寸数值必须是实物的实际尺寸，与图形的绘图比例无关。

三、绘图工具的使用

1. 图板：在图板的光滑面固定图纸，图纸一般用胶纸固定在图板的左侧，图板的侧边作为丁字尺的导边，使丁字尺上下移动。

2. 丁字尺：主要是用来沿尺身的工作边绘制水平线。

3. 三角板：

(1) 三角板的直角边与丁字尺配合使用，绘制垂直线；

(2) 三角板的斜边与丁字尺配合使用，绘制特殊角度（45°、30°、60°、75°）的倾斜线；

(3) 两个三角板配合起来绘制平行线，用一个三角板的任意边作导边，移动另一个三角板进行平行线的绘制。

4. 分规的使用：使用之前先将两腿上的钢针合并成一点，然后用来量取尺寸或截取等分线段。

5. 圆规：使用时用钢针有台阶的一端定圆心，钢针台阶面和另一端的铅笔头尖在纸面上要平齐，进行圆和圆弧的绘制。

6. 铅笔：绘图铅笔的铅芯有软硬之分，分别用字母 B 和 H 表示。不同型号的笔有不同的用途。

(1) 2H、H 铅笔：较硬，修磨成圆锥形，用来打底稿，描深细实线、点画线；

(2) HB 铅笔：硬度适中，修磨成圆锥形，用来写字、画箭头；

(3) B、2B 铅笔：笔头修磨成四棱柱形，其宽度是粗实线的线宽，用来加粗粗实线。

任务实施

绘制图 1-1-1 钳工图形

作图步骤：

1. 裁图纸：使图纸尺寸为：210×297，注意两边要相互垂直；

2. 固定图纸：要求 A4 图纸竖放，固定在图板的中间；

3. 画内边框：留装订边（左 25，其余 5）；

4. 画标题栏：绘制水平线和垂直线，用分规截取线段长度；

5. 绘制图形：注意线型，布局要合理，用 H 铅笔打底稿，然后用 2B 加粗，HB 铅笔描深中心线；

6. 填写标题栏：HB 铅笔填写，注意用长仿宋体字体，字高为 3.5 和 5。

知识拓展

一、抄画下图，并填写各名称

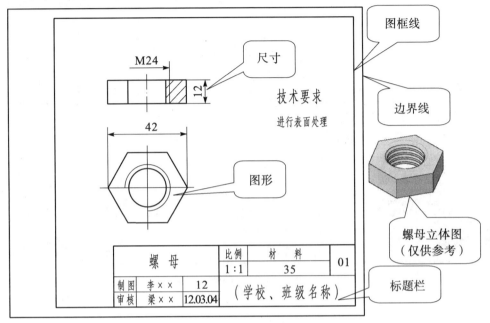

图1-1-6 图样

任务2 识读并标注图样尺寸

布置任务

本钳工实习形体的表面有水平面、垂直面、倾斜面、半圆面等构成，通过绘制图1-1-7钳工图形，标注图形尺寸，进行各种类型的尺寸标注方法。

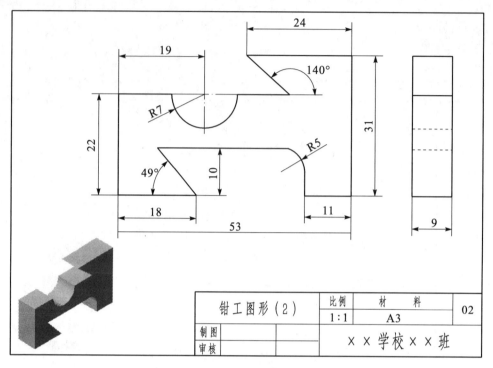

图 1-1-7　钳工图形 2

相关知识

一、尺寸类型

1. 定形尺寸：确定各形体形状的尺寸。如圆的半径和直径。
2. 定位尺寸：确定各形体间的相对位置的尺寸。如圆心所在的位置尺寸。
3. 总体尺寸：表示机件的总长、总宽、总高三个尺寸。

二、尺寸标注的基本规则

1. 机件的真实大小应以图样上所注的尺寸数值为依据，与图形的比例及绘图的准确度无关。
2. 图样中的尺寸以 mm 为单位时，不需要标注计量单位的代号，如果使用其它单位时，必须注明相应的单位代号和名称。
3. 图样中所标注尺寸是该图样所示机件的完工尺寸，否则应另作说明。
4. 机件的每一尺寸一般只标注一次，且应标注在反映该结构最清楚的地方。
5. 标注尺寸时应尽可能使用符号或缩写词。常用符号和缩写词见表 1-2。

表 1-2　常用符号和缩写词

名称	符号或缩写词	名称	符号或缩写词
直径	∅	45°倒角	C
半径	R	深度	↓
球直径	S∅	沉孔或锪平	⊔
球半径	SR	埋头孔	∨
厚度	t	均布	EQS
正方形	□		

三、尺寸要素

一个标注完整的尺寸应标注出尺寸界线、尺寸线、箭头（或斜线）和尺寸数字，简称为尺寸四要素，如图 1-1-8 所示。其中尺寸界线和尺寸线均用细实线来绘制，尺寸界线超出尺寸线 3~4 mm 为宜，两平行的尺寸线间距约为 7 mm。

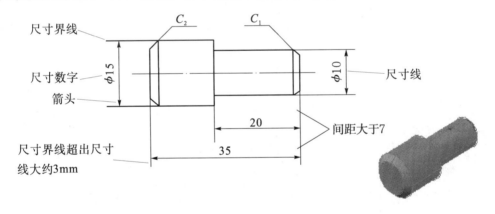

图 1-1-8　尺寸要素

四、尺寸标注要求

1. 尺寸数字

（1）书写位置：一般应标注在尺寸线的上方，也允许注写在尺寸线的中断处；

（2）数字方向：

线性尺寸的数字方向是：水平尺寸字头向上，垂直尺寸字头向左，倾斜尺寸字头保持

朝上的趋势，并避免在 30°范围内标注尺寸，当无法避免时，可引出标注，如图 1-1-9（a）所示。

标注角度时，数字一律水平书写，一般写在尺寸线的中断处，如图 1-1-9（b）所示。

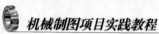
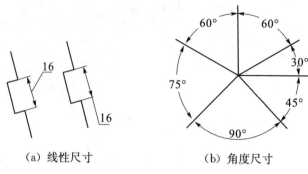

（a）线性尺寸　　　　　　　　（b）角度尺寸

图 1－1－9　尺寸数字注写

注意：尺寸数字不能被任何线条所穿过，否则应将该图线断开，如图 1－1－10 所示。

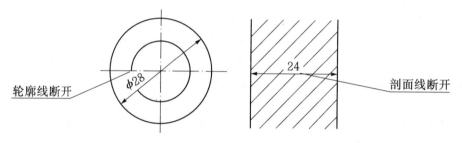

图 1－1－10　尺寸数字不可被任何线条所通过

2. 尺寸线

（1）尺寸线必须用细实线单独画出，不可用其它图线代替，也不得与其它图线重合或画在其延长线上。

（2）标注线性尺寸时，尺寸线必须与所标注的线段平行；

（3）标注直径、半径的尺寸线要通过圆心。如图 1－1－11 所示。

3. 尺寸界线　用细实线绘制，并应由图形的轮廓线、轴线、中心线或对称线引出，也可以利用轮廓线、轴线、中心线或对称线作尺寸界线。

（1）尺寸界线要避免交叉，保证标注清晰，如图 1－1－12 （a）所示.。

（2）尺寸界线一般应与尺寸线垂直，必要时才允许倾斜。在光滑过渡处标注尺寸时，必须用细实线将轮廓线延长，从它们的交点处引出尺寸界线，如图 1－1－13 （b）所示.。

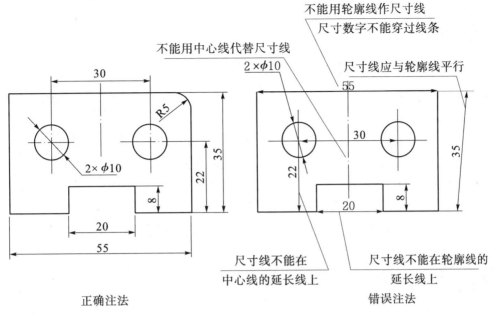

图 1-1-11　尺寸线的画法

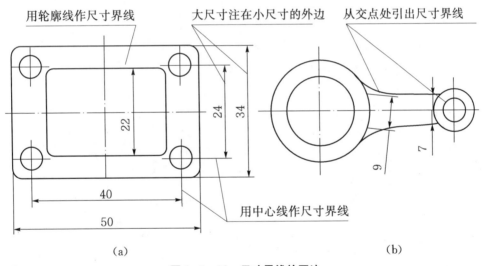

（a）　　　　　　　　　　　　（b）

图 1-1-12　尺寸界线的画法

4. 箭头　在机械图样中一般用箭头作为尺寸线的终端，其画法如图 1-1-13 所示。

图 1-1-13　箭头的画法

在绘制箭头时，顶端要画到与尺寸界线相交；图中的 d 为线宽。

任务实施

一、识读图 1—1—7 中的尺寸：

1．总体尺寸：机件的总长为 53 mm，总高为 31 mm，总宽为 13 mm，即制作机件时根据这些尺寸进行下料锯出毛坯；

2．下方切口的定形尺寸：深度为 10 mm，右边圆角半径为 5 mm，左边倾斜 49°，定位尺寸：从机件左侧向右 18 mm，从机件右侧向左 11 mm 处画线切割；

3．中间半圆孔的定形尺寸：半径为 R7，定位尺寸：从机件下方向上 22 mm，从左向右 19 mm 定圆心；

4．上方斜角的定形尺寸：140°，定位尺寸：在机件顶从右侧向左 24 mm 处画线。

知识拓展

一、圆角的画法

1．画出直角；

2．以直角顶点为圆心，以圆角半径为半径分别画弧找圆心，如图 1—1—14（a）所示；或作两直角边距离为圆角半径的平行线找圆心，如图 1—1—15（b）所示。

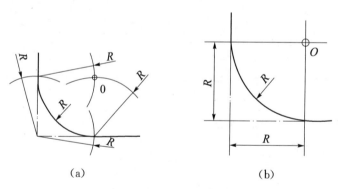

（a）　　　　　　　　　　　（b）

图 1—1—14　圆角的画法

二、三视图的初步知识

1．一个零件的形状和尺寸用一个图形不能完全表达清楚时，就从不同方向进行观察，从而形成了不同的视图。如图 1—1—15 所示，从三个方向观察机件就形成了三视图。视图名称分别为主视、俯视和左视。

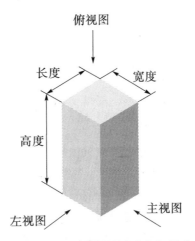

图 1—1—15　三视图观察方向与尺寸

2. 因为三视图反映的是同一零件的形状和尺寸，其中主视和俯视都反映零件的长度，主视和左视都反映零件的高度，左视和俯视都反映零件的宽度，所以绘图时要遵循"长对正、高平齐、宽相等"这一规律。

项目一　评价

一、个人评价

评价项目	项目内容	掌握程度		
		了解（5分）	掌握（7分）	应用（10分）
A3 图幅的边框尺寸和装订边尺寸				
A4 图幅的边框尺寸和装订边尺寸				
标题栏尺寸				
线型的种类				
放大、缩小、首选比例分别是				
常用字号和数字书写规定				
尺寸标注的内容				
尺寸标注的要求				

二、小组意见

三、教师建议

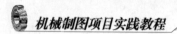
项目二　绘制平面图形

项目描述

　　平面图形是绘制机械图样的基础，应按机械制图国家标准的规定、规范绘制平面图形。正确使用绘图工具和仪器绘制平面图形，掌握绘制平面图形的基本方法和步骤是绘图的基本技能。

　　通过本项目的学习，学会圆弧连接的画法，学会锥度和斜度的画法，同时正确标注各图形尺寸。了解三视图的基本知识以及简单形体三视图的画法。

任务1　绘制锥轴图形

布置任务

　　锥轴由不同直径的圆柱和一个有一定锥度的形体构成，本任务是通过绘制图1-2-1锥轴图形，学习锥度的画法，了解滚花结构的用途。

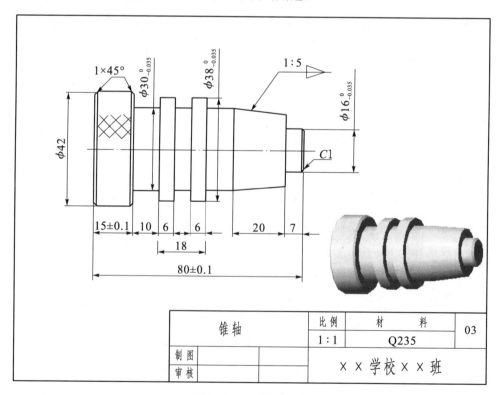

图1-2-1　锥轴图形

相关知识

一、锥度的概念和画法

1. 锥度是指正圆锥体底圆直径与锥高之比；如果是圆台，则是上下底圆直径之差与圆台高度之比。图样中以 1：n 的形式来表示，其符号是 ▷，标注时用引线从锥面引出，符号的尖端指向锥度的小头方向。

2. 锥度的画法：

过已知点作锥度线的步骤、标注方法如图 1-2-2 所示。锥度符号的画法按绘图符号模板上的形状来画。

注意：绘制锥度线的关键是拼凑出一个等腰三角形，使其底：高＝1：n，两腰即为所求；可巧妙利用原图尺寸直接绘制，不用作平行 1 线。

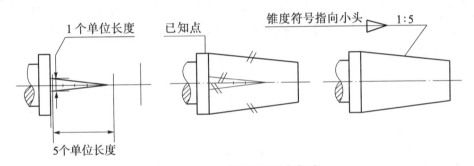

图 1-2-2 锥度的画法与标注

二、零件上工艺结构的表达方法

1. 倒角：为了去除毛刺、锐边和便于装配，在轴和孔的端部（或零件的面与的相交处）一般都加工成倒角。常用的是 45°倒角，用符号 C 和倒角距离来表示，如 C2。

2. 滚花：零件中防滑结构，常见有直纹滚花和网纹滚花。如图 1-2-3 所示，其表示方法用细实线画直线和网格线。

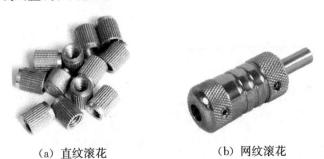

（a）直纹滚花   （b）网纹滚花

图 1-2-3 常见滚花结构

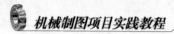

三、重要尺寸的标注

由于装配时的需要，有些与该零件相配合部位的尺寸在加工时，在设计尺寸的基础上可以适当地有些偏差，有时可以比设计尺寸稍大或稍小一点，我们把尺寸允许产生误差的范围称之为尺寸公差。加工这些尺寸时要小心，加工尺寸要在要求的范围之内，否则就会生产出不合格产品或废品。

例如：80±0.1，加工的尺寸必需在 79.9～80.1 mm 之间才为合格品。

任务实施

绘制图 1-2-1 图形，并标注图形尺寸

1. 先按设计尺寸绘制基本形状，本图形重点是锥度的画法和的画法。

2. 绘制 1∶5 锥度：

以 $\phi30$ 垂直线的上（下）端点为基点，向右作 10 个单位长的水平线，再从该直线的右端点向下（上）作 1 个单位长的直线，连接锥度线并延长与最右端垂直线相交，如图 1-2-4 所示；

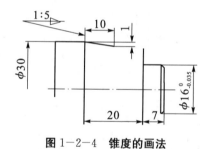

图 1-2-4　锥度的画法

3. 绘制倒角：C1 是 45°倒角，在直角处分别用距离 1 进行倒角

4. 绘制滚花：用 45°细实线画一部分，不必全部画出；

5. 标注尺寸：注意上下分布的小数字号要小，正负号对齐，个位数和小数点都对齐，这是尺寸公差标注的规定。

知识拓展

一、斜度的概念和画法

1. 概念

斜度是一条直线（或平面）相对于另一条直线（或平面）的倾斜程度。图样中以 1∶n 的形式来表示，其符号是∠，标注符号时有方向性，符号的尖端与斜面的倾斜方向一致。

2. 斜度的画法

过已知点作斜度线的步骤、标注方法，如图1-2-5所示；斜度符号按绘图符号模板形状进行绘制。

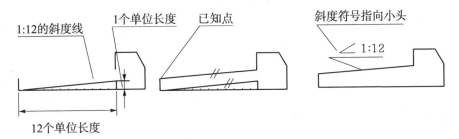

图1-2-5　斜度的画法与标注

注意：绘制斜度线的关键是拼凑出一个直角三角形，使对边：邻边=1：n，斜边即为所求；可巧妙利用原图尺寸直接绘制，不用作平行线。

二、斜度画法实例——绘制图1-2-6所示槽钢图形

图1-2-6　槽钢

1. 先按设计尺寸绘制基本形状；

2. 绘制1：10斜度：

根据图中21和9两个尺寸，确定绘制斜度有基点A，从该点向左（右）作1个单位长的水平线，然后向下作10个单位长的垂直线，连接斜度线并延长与下方水平线相交，如图1-2-7所示；

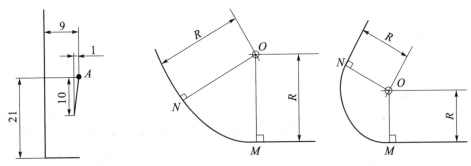

图1-2-7　斜度的画法图　　　　图1-2-8　平行线法画圆弧连接

3. 绘制圆角：与斜度线的圆弧连接要作平行线，其方法如图1-2-8所示，其中R为圆弧半径，M、N为切点；

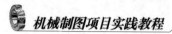
4. 加粗，并标注尺寸。

任务2　绘制数控铣实习图形（1）

布置任务

本数控铣件是由带圆角的底板和梅花形凸台构成，绘制图1－2－9数控铣实习图形（1），学习圆弧连接的基本知识。

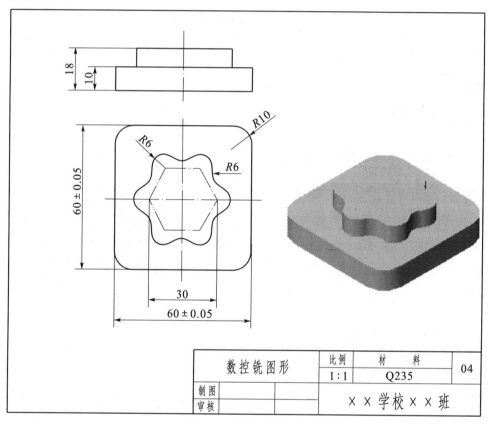

图1－2－9　数控实习图形1

相关知识

一、圆弧连接的概念

圆弧连接是用一圆弧光滑地连接相邻两线段（直线或圆弧）的过程。其实质就是圆弧与直线、圆弧与圆弧相切，其作图的重点就是求出连接圆弧的圆心及切点。

二、分类和作图方法简介

常见圆弧连接的种类有以下几种：

1. 用圆弧连接锐角和、钝角、直角的两直线，作图方法如图 1-2-8 所示。

2. 用圆弧连接直线和圆弧，作图方法如图 1-2-10 所示。

3. 用圆弧连接两圆弧，外连接的作图方法如图 1-2-11，内连接的作图方法如图 1-2-12，内、外连接的作图方法如图 1-2-13 所示。说明：图中的 R 为连接圆弧半径，R1、R2 为已知圆弧半径，M、N 为切点。

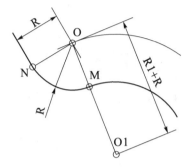

图 1-2-10　圆弧连接直线和圆弧

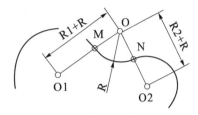

图 1-2-11　圆弧外连接两圆弧

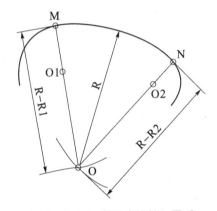

图 1-2-12　圆弧内连接两圆弧

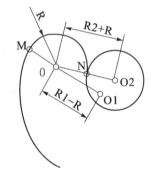

图 1-2-13　圆弧内连接两圆弧

三、投影法与三视图

1. 投影和正投影：物体经投射线投射，在投影面上产生的影子即为投影。

投射线相互平行且与投影面垂直的投影方法称为正投影法。

2. 视图：用正投影法，将物体向投影面投影，所得到的正投影图称为视图。视图就是投影。

3. 三视图的形成

将物体置于三个相互垂直的投影面体系内，然后从物体的三个方向进行观察，就可以在三个投影面上得出三个视图，如图 1-2-14 所示。其中：

主视图：从前向后投射在正立面（V）上得到的视图；

俯视图：从上向下投射在水平面（H）上得到的视图；

左视图：从左向右投射在侧立面（W）上得到的视图。

4. 三视图的展开

为把三个视图放在同一张图纸上，必须将相互垂直的三个平面展开在一个平面上，展开方法如图1-2-15所示，规定：V面保持不动，将H面绕OX轴向下旋转90°，将W面绕OZ轴向右旋转90°，就得到展开的三视图，如图1-2-16所示。实际绘图时，应去掉投影边和投影轴，如图1-2-17所示。

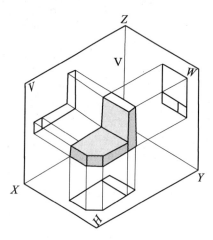

图1-2-14　三视图的形成

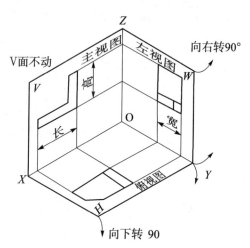

图1-2-15　投影面的展开

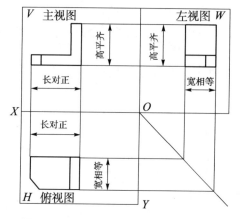

图1-2-16　投影面展开后三视图位置

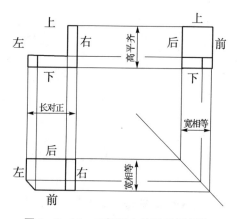

图1-2-17　三视图方位及投影规律

2. 三视图与物体的方位关系

物体有上下、左右、前后六个方位，每一个视图只能反映物体的两个方向的位置关系，即：

主视图反映上、下和左、右的相对位置关系；俯视图反映左、右和前、后的相对位置关系；左视图反映上、下和前、后的相对位置关系。

任务实施

一、完成图1-2-9所示图形

1. 分析图形：本题难点是用R6圆弧外连接R6两圆弧；重点是主视和俯视图的投

影规律的应用。

2. 作图步骤：见表1－3所示。

表 1－3　数控铣图形的作图步骤

1. 绘制俯视图中六边形，并以六边形各顶点为圆心绘制六个 R6 圆：

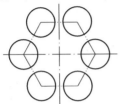

2. 用 R6 圆弧外连接 R6 圆弧：

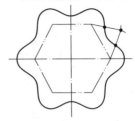

（1）找圆心：分别以 R6 圆弧的圆心为圆心，以（6＋6）12 为半径画弧，其交点为圆心；

（2）找切点：用直线连接两圆心，与 R6 的交点为切点。

（3）从切点处绘制 R6 圆弧到另一切点处。

3. 绘制俯视图中其它结构

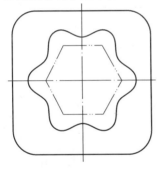

4. 按长对正关系绘制主视图，加粗描深各线条（注意线型的不同），并标注尺寸，完成全图。

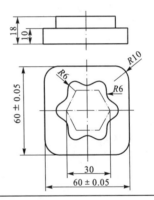

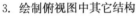

知识拓展

一、绘制简单形体的三视图

根据物体（或轴测图）画三视图步骤如下：（见表1－4）

1. 要选好主视图的投影方向，然后摆正物体，使物体的主要表面尽量平行于投影面；

2. 根据图纸的大小和物体实际尺寸的大小，确定绘图比例，画出三视图的定位线；

3. 一般先画主视，再根据"长对正，高平齐，宽相等"投影规律画俯视和左视图；

4. 核对三视图底稿图，无误后擦掉作图辅助线，描深加粗图线，完成三视图的作图。

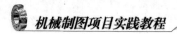
表1-4　由立体图画三视图步骤

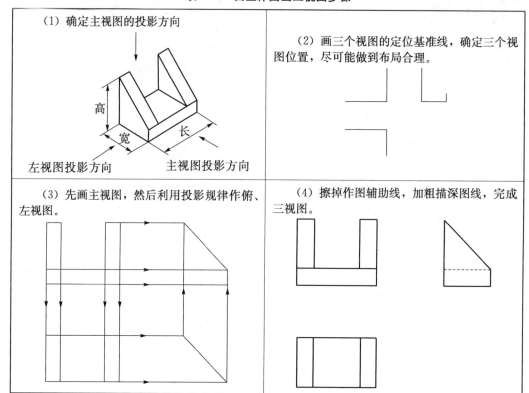

	内容
（1）确定主视图的投影方向	（2）画三个视图的定位基准线，确定三个视图位置，尽可能做到布局合理。
（3）先画主视图，然后利用投影规律作俯、左视图。	（4）擦掉作图辅助线，加粗描深图线，完成三视图。

项目二　评价

一、个人评价

评价项目	项目内容	掌握程度		
		了解（5分）	掌握（7分）	应用（10分）
圆弧连接的种类				
圆弧连接画法				
锥度画法及标注				
斜度的画法及标注				
三视图的名称				
三视图分别反映哪些尺寸				
三视图分别反映哪些方位				

续表

评价项目	项目内容	掌握程度		
		了解（5分）	掌握（7分）	应用（10分）
绘制简单形体三视图的步骤				

二、小组评价

三、教师评价

模块二 识读视图

项目一 基本体与截断体

机械零件一般是由复杂的形体构成的，而无论再复杂的形体都可以分解成几种基本体，学习基本体是了解机械零件构造的基础。

通过本项目的学习，了解基本体的种类，掌握其三视图的特征及画法，能够进行识读各种基本体的形状和尺寸；还要掌握各种基本体的截交线的形状和画法，为识读复杂图形做准备。

任务 1 绘制钳工图形（2）并标注尺寸

布置任务

本钳工件是简单的棱柱体，通过绘制钳工图形（2）并标注尺寸，学习棱柱的三视图的画法和尺寸标注。

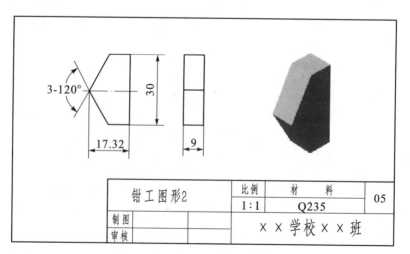

钳工图形2	比例	材　料	05
	1:1	Q235	
制图		××学校××班	
审核			

图 2-1-1　钳工实习图形 2

24

相关知识

一、基本体的分类

常用基本体分两大类：平面立体和回转体。平面立体有棱柱和棱锥；回转体有圆柱、圆锥和球。

二、棱柱的相关知识

（一）棱柱的构成（以竖放六棱柱为例）

由顶面、底面和六个侧棱面组成。其中顶面和底面称为特征面；侧棱面之间的交线称为棱线，棱线数与特征面的顶点数相等（这里是六条）。

（二）六棱柱三视图和作图步骤

为作图方便，放置时六棱柱时，将它的特征面与三个投影面的其中一个投影面平行。（如图2—1—2所示）

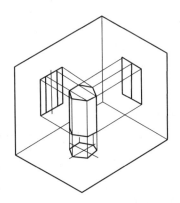

图2—1—2 六棱柱的放置位置

1. 六棱柱三视图表达的内容
（1）底面的三视图
（2）顶面的三视图
（3）侧棱面的三视图
2. 作图步骤如下：（图2—1—3所示）
（1）先用点划线画出俯视、主视和左视图的中心对称线；

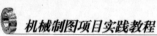
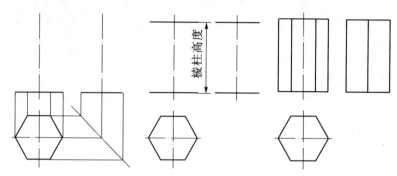

图 2-1-3　六棱柱的绘图步骤

（2）绘制底面的三面投影：俯视图（正六边形）、主视图（一条直线）和左视图（一条直线），在绘制过程中注意平面上各顶点的位置要符合投影规律；

（3）绘制顶面的三面投影：俯视图（正六边形且与底面六边形完全重合）、主视图（一条直线与底面的主视图的直线相距棱柱的高度）和左视图（一条直线）；

（4）连接底面和顶面各对应顶点在主视和左视图中的投影，即为棱线、棱面的投影；

（5）检查清理底稿，按规定对线条进行加粗描深线。

（三）棱柱三视图的特征

通过观察三棱柱（图 2-1-4）、五棱柱（图 2-1-5）三视图我们可以看出，棱柱的三视图的特征为：一个视图为多边形，另两个视图为矩形组。

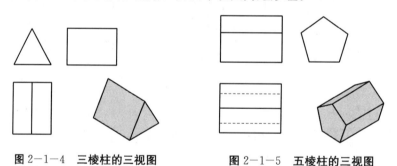

图 2-1-4　三棱柱的三视图　　　　图 2-1-5　五棱柱的三视图

（四）棱柱的尺寸标注

要标注底面的形状和高度。如图 2-1-6 标注六边形的边长或内接圆、外切圆的直径；底面和顶面之间的距离（高度）。其它常见棱柱类尺寸标注如图 2-1-7、2-1-8 所示。

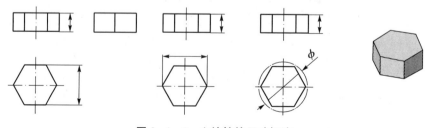

图 2-1-6　六棱柱的尺寸标注

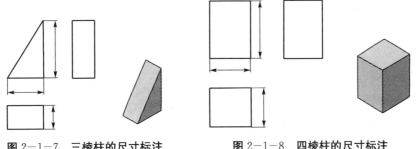

图2-1-7 三棱柱的尺寸标注　　　　图2-1-8 四棱柱的尺寸标注

任务实施

完成图2-1-1所示图形

1. 分析图形：图形表达的主要结构是五棱柱，特征面在主视图，本结构只用两个视图表达。

2. 作图步骤：见表2-1所示。

表2-1 钳工图形（2）的作图步骤

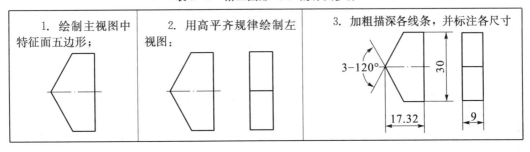

| 1. 绘制主视图中特征面五边形； | 2. 用高平齐规律绘制左视图； | 3. 加粗描深各线条，并标注各尺寸 |

知识拓展

一、棱锥的构成

由底面和具有公共顶点（锥顶）的三角形侧面组成。其中底面称为特征面；侧棱面之间的交线称为棱线，棱线数与特征面的顶点数相等。

二、棱锥三视图和作图步骤

以正三棱锥为例，放置位置如图2-1-9。

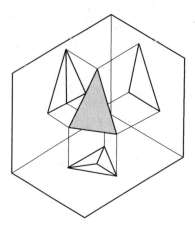

图 2—1—9　三棱锥的放置位置

1. 棱锥三视图表达的内容

（1）底面的三视图　　（2）锥顶的三视图　　（3）侧棱面的三视图

2. 作图步骤如下（如图 2—1—10 所示）

（1）绘制底面的三面投影：俯视图（三角形）、主视图（直线）和左视图（直线）；

（2）绘制锥顶的三面投影：俯视图（一点，在三角形的中心处）、主视图（一点，距底面直线的距离为棱柱锥的高度）和左视图（一点，）；

（3）连接底面各顶点和锥顶在主视、俯视图和左视图中的投影，即棱线、棱面的投影；

（4）检查清理底稿，按规定对线条进行加粗描深线。

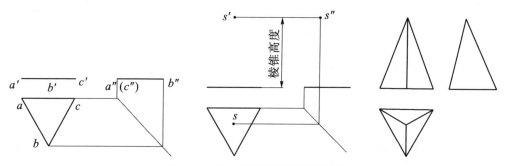

图 2—1—10　正三棱锥的绘图步骤

注意：1. 点是物体的构成要素，它的投影仍符合投影规律；

2. 点的标记方法是：空间点用大写字母如 A，投影用相应的小写字母，其中在水平面上的投影用 a，正立面上的投影用 a'，侧立面上的投影用 a"；

3. 两点的投影在某一投影面上重合时，则这两个空间点被称为对该投影面的重影点，其中不可见点用（），如图 2—17 中的（c"）。

3. 棱锥三视图的特征

通过观察四棱柱（图 2—1—11）、五棱锥（图 2—1—12）三视图我们可以看出，棱柱的三视图的特征为：一个视图为内含共顶点三角形组的多边形，另两个视图为共顶三角形组。

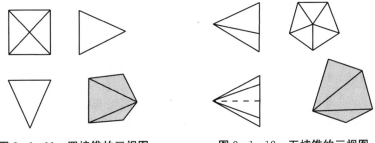

图 2-1-11　四棱锥的三视图　　　　图 2-1-12　五棱锥的三视图

三、棱锥的尺寸标注

标注底面的形状和高度。如图 1-1-13：三棱锥要标注三角形的边长或内接圆、外切圆的直径；底面和顶点之间的距离（高度）。

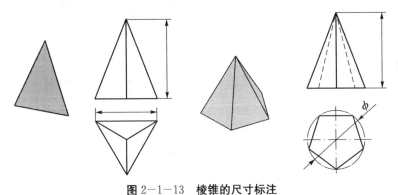

图 2-1-13　棱锥的尺寸标注

四、棱柱、棱锥三视图实例

——绘制图 2-1-14 方形门柱三视图并标注尺寸

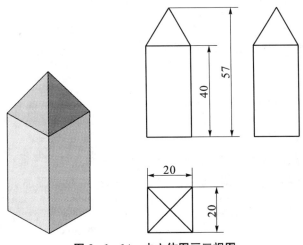

图 2-1-14　由立体图画三视图

任务 2　绘制钳工图形（3）并标注尺寸

布置任务

钳工实习件 3 是三棱柱倒圆、钻孔而成，本任务学习棱柱的切割，并标注尺寸。

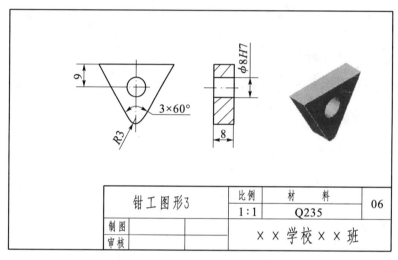

钳工图形3		比例	材　　料	06
		1:1	Q235	
制图			××学校××班	
审核				

图 2−1−15　钳工实习图形 3

相关知识

一、零件常见结构

为了增加基本体的实用性，经常在基本体上开孔、切槽；开孔的形状有圆孔和方孔或不规则孔，切槽的形状有方槽和半圆槽或不规则槽；开方孔切方槽就是把基本体进行切割而成的形体。

二、有关概念和找点方法介绍

1. 截断体、截平面、截交线

基本体被平面截切后剩余的部分称为截断体，截切立体的平面称为截平面，截平面与立体的交线称为截交线。如图 2−1−16 所示，四棱锥被截平面 P 截切后，得截断体为四棱台。

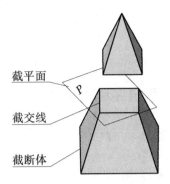

图 2-1-16　截断体的形成

2. 直线上找点的方法

点在直线上，则点的投影在直线的同面投影上。即点的投影要到它所属的直线的同面投影上去找。

如图 2-1-17 所示，Ⅰ点是直线 SA 上的点，那么Ⅰ点的三面投影都在直线 SA 的三面投影上。

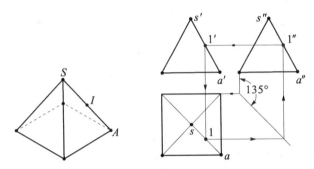

图 2-1-17　直线上找点的方法

3. 平面立体表面找点的方法

（1）利用积聚性找点：当点所在的平面具有积聚性时，点的投影一定在平面所积聚的直线或圆上。如图 2-1-18 所示，M 点所在的平面，在水平面（俯视图）上有积聚性，利用积聚性法找点。

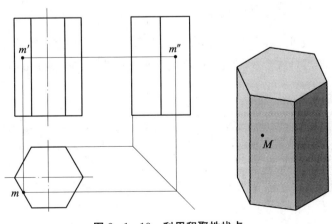

图 2-1-18　利用积聚性找点

（2）辅助线法：当点所在的平面不具有积聚性时，则过点作一条辅助线，然后到辅助线的投影上取得点的投影。如图 2—1—19 中Ⅰ点所在的平面 SAB 在三个视图中都不具备积聚性，则要用辅助线法找点。

三、平面立体截交线的绘制方法和步骤

1. 画截交线的实质：表面找点，包括线上找点和面上找点。

2. 截交线的性质

（1）截交线是截平面与立体表面的共有线；

（2）截交线是封闭的线条；

（3）截交线的形状取决于立体表面的几何形状、截平面与立体的相对位置。

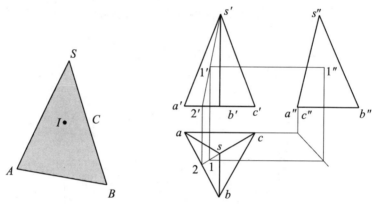

图 2—1—19　**辅助线法找点**

3. 绘制截交线的方法和步骤

（1）绘制完整的未截切前的基本体的三视图；

（2）确定截平面与立体产生的交点数；

（3）找出各交点在三视图中的位置；

（4）依次连接各点的同面投影，擦去截切的线条，并判断有无与截切线条重合的虚线。

四、平面立体截断体的标注

先标注棱柱、棱锥的定形尺寸，再标注截切面的截切位置（即截平面的定位尺寸，并且在标注在形状特征比较明显的视图上），不标注截交线的具体形状，如图 2—1—20 所示。

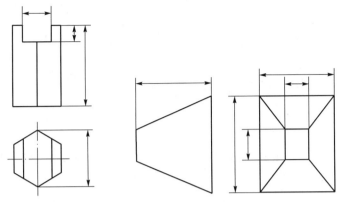

图 2-1-20 棱柱、棱锥截断体的尺寸标注

任务实施

完成图 2-1-15 所示图形

1. 分析图形：图形表达的主要结构是三棱柱，特征面在主视图，中间钻孔，下角倒圆。本结构只用两个视图表达。

2. 作图步骤：见表 2-2 所示。

表 2-2 钳工图形（3）的作图步骤

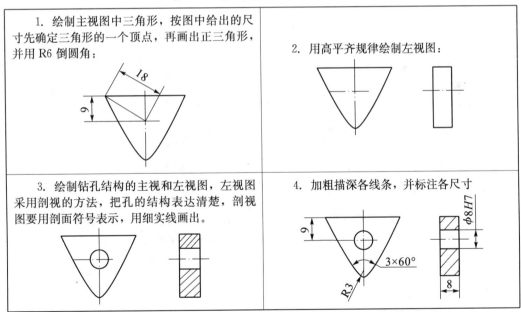

知识拓展

一、利用投影规律补画图 2-1-21 中的第三视图：

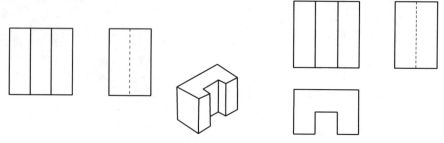

图 2—1—21　补画第三视图题目　　　图 2—1—22　补画第三视图答案

步骤：

1. 分析图形，想象形状：本题给出主视图和左视图，都是矩形组，可以判断是棱柱，要补画俯视图，要用"长对正、宽相等"两个对应关系；

2. 利用"长对正"绘图：在主视图下方并留有一定距离处画一条水平线，起、止位置与主视图对正；

3. 利用"宽相等"绘图：在水平线的左端向下画垂直线，宽与左视图中的宽相等；（可用分规截取宽度，再到俯视图中度量，注意方位要一致）

4. 完成其余各图线：与轴测图对应检查无误后加粗、描深图线，结果如图 2—1—22 所示。

二、补画图 2—1—23 中的第三视图：

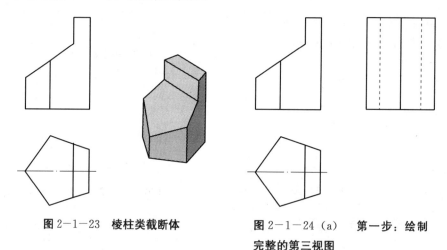

图 2—1—23　棱柱类截断体　　　图 2—1—24（a）　第一步：绘制完整的第三视图

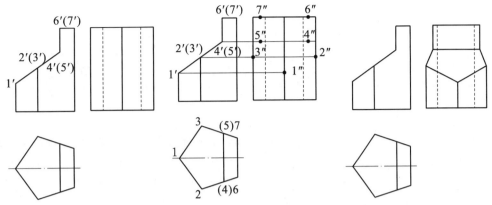

图 2-1-24 (b)　绘制截交线的第二、三、四步

作图步骤:

1. 分析图形:俯视图为五边形,主视图不完整的矩形组,该物体属于五棱柱的截断体;

2. 绘制截交线,方法如图 2-1-24 所示。

任务3　绘制车工实习图形并标注尺寸

布置任务

车工图形是由倒角的圆柱和球组成,本任务学习圆柱和球的画法。

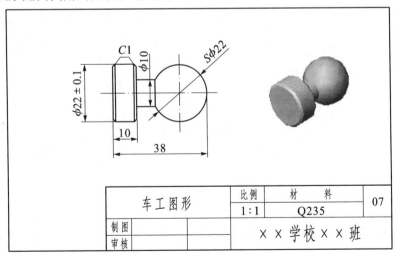

车工图形	比例	材　料	07
	1:1	Q235	
制图		×× 学校 ×× 班	
审核			

图 2-1-25　车工实习图形

相关知识

一、圆柱

1. 圆柱的构成

由两个完全相等且相互平行的圆形端面和一个回转面组成。其中圆形端面称为特征面；回转面在某一方向观察时，有两条转向轮廓线，改变观察方向，所看到的物体上的转向轮廓线的位置随着改变。

2. 圆柱三视图表达的内容

（1）回转轴的三面投影　　　（2）圆端面的三面投影　　　（3）回转面的三面投影

3. 圆柱三视图和作图步骤（以竖放圆柱为例，作图步骤如图2－1－26所示）

（1）先画轴线和中心对称线；

（2）绘制端面圆的三面投影：先画实形圆即底面圆的三面投影，为一个圆和两条直线；再画积聚圆即顶面圆的三面投影，为一个圆和两条直线，其中这里的圆与底面圆重合，直线与底面圆的直线相距为圆柱的高度。

（3）作回转面的三面投影：一面投影积聚为圆，另两面投影为不同位置的转向轮廓线的

投影。在本图中主视图中为最左、最右的转向轮廓线，左视图中为最前、最后的转向轮廓线。

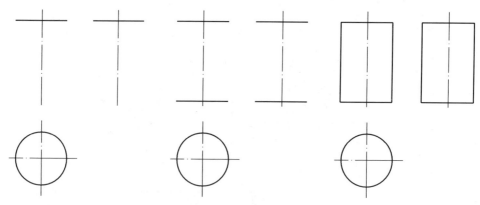

图2－1－26　圆柱的绘图步骤

（4）检查清理底稿，按规定对线条进行加粗描深图线。

4. 圆柱三视图的特征

通过观察如图2－1－27所示不同放置位置的圆柱的三视图，我们可以看出，圆柱的三视图的特征为：一个视图为含对称中心线的圆，另两个视图为含轴线的、完全相同的矩形。

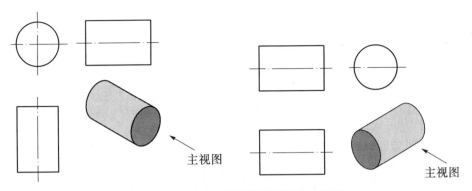

图 2—1—27　不同放置位置圆柱的三视图

5. 圆柱的尺寸标注

标注圆的直径和高度。对于半圆柱和小于 180°的不完整圆柱要标注圆半径和高度。当有已尺寸标注时，可用一个视图（矩形）表达出圆柱的形状，如图 2—1—28 所示。

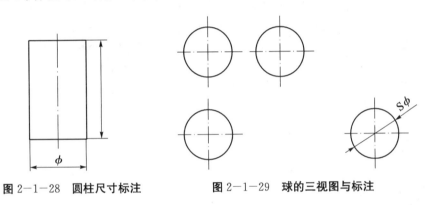

图 2—1—28　圆柱尺寸标注　　　图 2—1—29　球的三视图与标注

二、球

1. 球的构成

由球形回转面组成。球形回转面在某一方向观察时，有一个最大的转向轮廓圆，也就是该方向上和最大纬圆，其直径等于球面的直径。改变观察方向，所看到的球体上的转向轮廓圆的位置随着改变。

2. 球三视图表达的内容

（1）回转轴的三面投影（2）回转面的三面投影

3. 球三视图和作图步骤

（1）先画轴线和中心对称线；

（2）绘制三个不同投影面上的不同位置的转向轮廓圆，如图 2—1—29 所示。

4. 球三视图的特征　三个含轴线的完全相等的圆。

5. 球定形尺寸的标注

标注球的直径，为了与圆直径区别开来，用符号"S∅"表示球直径。对于半球和小于 180°的不完整球要标注球半径，用 SR 表示。如图 2—1—29 所示，有尺寸标注时只用一个图即可表达其形状和大小。

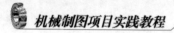

任务实施

完成图 2-1-25 所示图形并标注尺寸

1. 分析图形：图形表达的主要结构是两个不同直径的圆柱和一个球，有尺寸标注时用一个视图既可表达出形状。

2. 作图步骤：见表 2-3 所示。

表 2-3　车工实习图形的作图步骤

1. 绘制中心线，在主视图中按图中给出的尺寸绘制表示圆柱结构的矩形，再画出表示球结构的圆，圆柱和球的交线为直线，并用 C1 倒角：	2. 标注尺寸：注意球的直径前加 S，中间圆柱的长度不标注，尺寸标注时不能标封闭尺寸链。
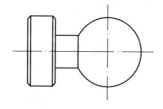	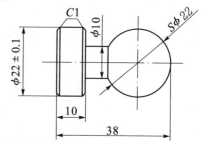

知识拓展

一、圆锥

1. 圆锥的构成

由一个圆形底面和一个锥形回转面组成。其中圆形端面称为特征面；回转面在某一方向观察时，有两条转向轮廓线，改变观察方向，所看到的物体上的转向轮廓线的位置随着改变。

2. 圆锥三视图表达的内容

（1）回转轴的三面投影 （2）圆端面、锥顶的三面投影 （3）回转面的三面投影

3. 圆锥三视图和作图步骤（以竖放圆锥为例，作图步骤如图 2-30 所示）

（1）先画轴线和中心对称线

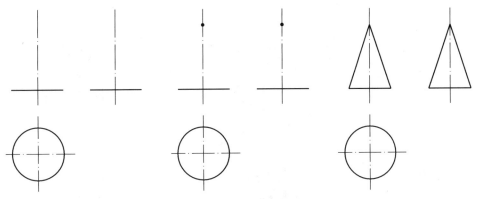

图 2-1-30　圆锥的绘图步骤

（2）绘制底面圆、锥顶的三面投影：先画底面圆的三面投影，为一个圆和和两条直线；再锥顶的三面投影，三个点。

（3）作回转面的三面投影：一面投影为平面圆，另两面投影为不同位置的转向轮廓线的投影。在本图中主视图中为最左、最右的转向轮廓线，左视图中为最前、最后的转向轮廓线。

（4）检查清理底稿，按规定对线条进行加粗描深图线。

4. 圆锥三视图的特征

通过观察如图 2-1-31 所示不同放置位置的圆锥的三视图，我们可以看出，圆锥的三视图的特征为：一个视图为含对称中心线的圆，另两个视图为含轴线的、完全相同的三角形。

5. 圆锥的尺寸标注

圆锥的尺寸标注内容有：底面直径和高度，对于半圆锥和小于 180° 的不完整圆锥要标注圆半径和高度，如图 2-1-32 所示。我们把表示基本体形的状尺寸称为定形尺寸。

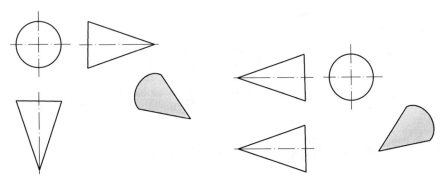

图 2-1-31　不同放置位置圆锥的三视图

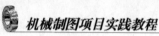

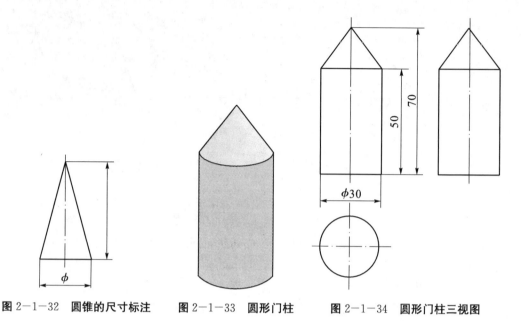

图 2-1-32 圆锥的尺寸标注   图 2-1-33   圆形门柱   图 2-1-34   圆形门柱三视图

二、根据图 2-1-33 所示轴测图，绘制三视图并标注尺寸：

作图步骤：

1. 分析图形：上为圆锥，下为圆柱，底面直径相同而且同轴；

2. 画中心线布图；

3. 绘制圆柱三视图：在俯视图中绘制特征面圆，按三等规律绘制主视图和左视图中的转向轮廓线；

4. 绘制圆锥三视图：

俯视图中特征面圆与圆柱特征面圆重合，按三等规律绘制主视图和左视图中的转向轮廓线；

5. 检查底稿，加粗可见轮廓线，描深中心线；

6. 标注尺寸：

（1）分别标注圆柱、圆锥的定形尺寸（底面直径和高度）；

（2）标注总体尺寸（总高）；

（3）调整各尺寸，做到不重复、不遗漏，布局合理，标注清晰，结果如图 2-1-34 所示。

任务4 绘制数控铣实习图形（2）并标注尺寸

布置任务

铣床零件是由扁平圆柱切割而成，本任务通过绘制数控铣图形学习圆柱的切割。

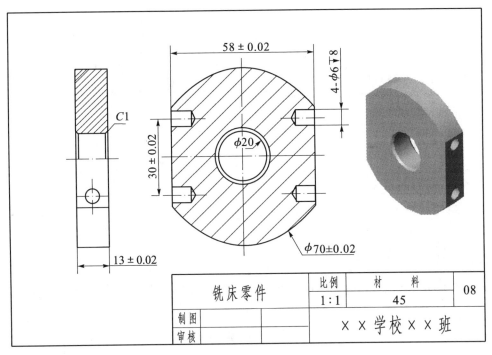

图 2—1—35　数控铣实习图形（2）

相关知识

一、圆柱表面找点的方法

1. 特殊位置上的点

——转向轮廓线上的点

在圆柱回转体上，有四条转向轮廓线，这四条转向轮廓线从不同方向观察时，位置不同，这四条轮廓线上的点，不同的视图位置也不相同，如图 2—1—36 所示。

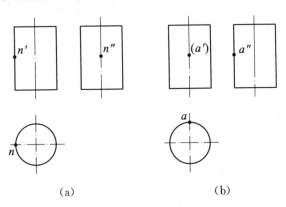

（a）　　　　　　　　（b）

图 2—1—36　0圆柱转向轮廓线上找点

2. 回转面上和圆平面上的点——利用积聚性找点：如图 2—1—37 所示。

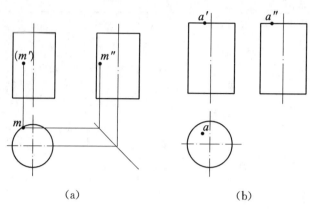

（a）   （b）

图 2-1-37   圆柱体中利用积聚性找点

二、圆柱截交线的形状

截平面与回转体轴线的相对位置不同，截交线的形状不同，圆柱截交线的形状：见表 2-4 所示。

表 2-4   圆柱体截交线

截平面位置	平行于轴线	垂直于轴线	倾斜于轴线
截交线形状	矩形线框	圆	椭圆
立体图			
投影图			

三、圆柱截交线的绘制方法和步骤

1. 方法：

根据截切面与轴线的相对位置来判断截交线的形状，这里注意：转向轮廓线是否被切除。

2. 绘图步骤如下：

(1) 绘制完整的未截切前的基本体的三视图；

(2) 确定截平面与轴线的相对位置，判断截交线的形状；

(3) 绘制截断面；

(4) 判断可见性，修改描深各图的线条。

四、圆柱截断体的标注

1. 标注圆柱的定形尺寸；

2. 在形状特征比较明显的视图上，

标注截切面的截切位置，即截平面的定位尺寸，

3. 注意不标注截交线的具体形状，

如图 2—1—38 所示。

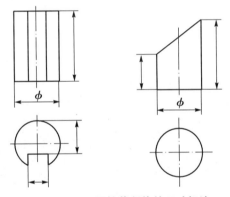

图 2—1—38　圆柱截断体的尺寸标注

任务实施

完成图 2—1—35 所示图形并标注尺寸

1. 分析图形：图形表达的主要结构是，空心圆柱被前、后平行于轴线的两个截切平面截切（截交线的形状为矩形），在截切的平面上分别钻孔。

2. 作图步骤：见表 2—5 所示。

表 2-5　数控铣实习图形的作图步骤

1. 绘制完整的空心圆柱的左、主视图； 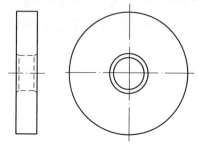	2. 绘制截交线——矩形 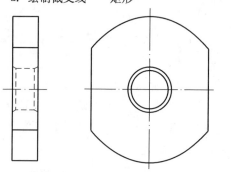
3. 绘制钻孔结构：盲孔结构顶部有 120°夹角； 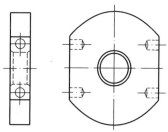	4. 改剖视图：主视图上半部改剖视，左视图全部改剖视图， 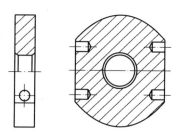
5. 标注尺寸：（1）先标空心圆柱的定形尺寸， 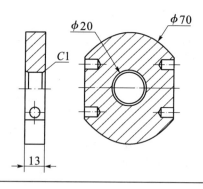	5. （2）再标注截切面的位置。 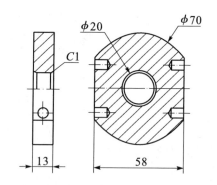

5.（3）标注孔的定形尺寸 4－∅6 和定位尺寸 30；

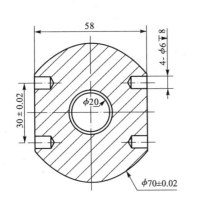

5.（4）在有尺寸公差的尺寸后面加上公差值，完成全图。

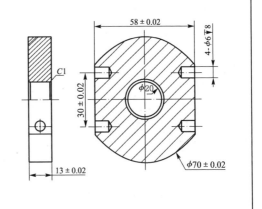

知识拓展

一、剖视图简介

1. 剖视图的概念

假想用剖切面剖开机件，将处在观察者和剖切面之间的部分移去，将其余部分向投影面投射所得的图形。

2. 视图与剖视图的区别

（1）视图从物体某个方向直接投影而得到的图形，物体内部结构要用虚线表示出来；

（2）剖视图是为了表达物体内部结构，先剖切后投影而得到的视图。剖切到的结构变为可见轮廓，大部分结构均可用粗实线画出，剖视图中虚线少甚至没有，但图中要用细实线画出剖面符号。

二、圆柱截切实例

1. 绘制图 2－1－39（a）接头（圆柱截断体）三视图并标注尺寸

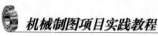
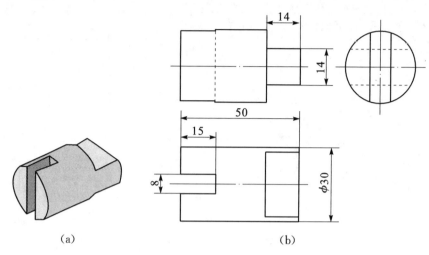

(a)　　　　　　　　　　　　(b)

图 2-1-39　圆锥的绘图步骤

绘图步骤

（1）分析图形：圆柱被平行和垂直于轴线的截切面截切，截交线的形状为矩形和圆；

（2）绘制完整圆柱三视图（轴线水平放置）；

（3）分别绘制各截切面产生的截交线的形状，并擦去截切的线条；

（4）标注尺寸：先标注圆柱的定形尺寸（直径和长度）；再标注各截切面的截切位置（定位尺寸）；截切面的截切位置应集中标注，注意对称图形的标注，结果如图 2-39（b）所示。

2. 补画图 2-1-40（a）所示斜切圆柱截断体的第三视图并标注尺寸

（1）图形分析，想象形状：从主视图可看出，圆柱被水平于轴线的平面和倾斜于轴线的平面截切，这时截交线的形状是：前者为矩形，后者为椭圆；本题是少半个椭圆。

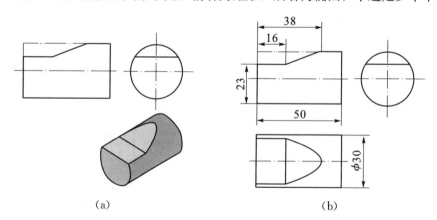

(a)　　　　　　　　　　　　(b)

图 2-1-40　斜切圆柱结构表达

（2）绘图步骤如表 2-6 所示，注意不完整椭圆的画法。

表 2—6　补画斜切圆柱截断体的绘图步骤

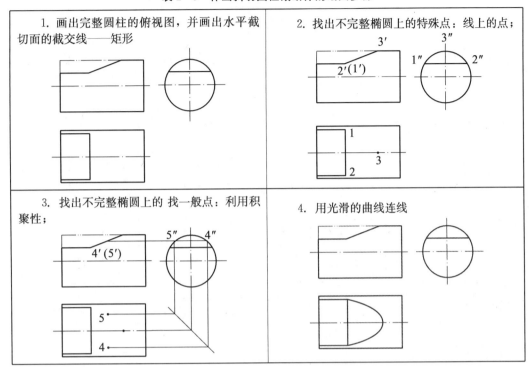

1. 画出完整圆柱的俯视图，并画出水平截切面的截交线——矩形	2. 找出不完整椭圆上的特殊点：线上的点；
3. 找出不完整椭圆上的 找一般点：利用积聚性；	4. 用光滑的曲线连线

（3）标注截断体的尺寸，如图 2—1—40（b）所示。

任务 5　绘制数控铣实习图形（3）并标注尺寸

布置任务

锥棒是由圆锥切割的圆台和圆柱组成。本次任务通过绘制数控铣实习图形（3）并标注尺寸进行学习圆锥的切割。

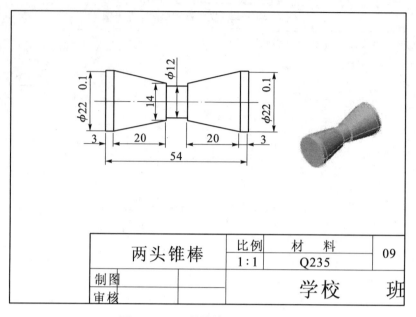

两头锥棒	比例	材　料	09
	1：1	Q235	
制图		学校	班
审核			

图 2−1−41　**数控铣实习图形**（3）

相关知识

一、圆锥表面找点的方法

1. 特殊位置上的点——转向轮廓线上的点

在圆锥回转体上，有四条转向轮廓线，这四条

转向轮廓线从不同方向观察时，位置不同，这四条轮

廓线上的点，不同的视图位置也不相同，如图 2−1−42 所示。

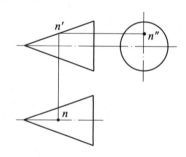

图 2−1−42　**圆锥转向轮廓线上找点**

2. 圆平面上的点——利用积聚性找点：如图 2−1−43 所示。

3. 回转面上的点——辅助圆法：圆锥表面找点方法如图 2−1−44 所示。

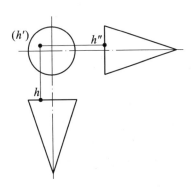

图 2-1-43　圆锥底面圆上利
用积聚性找点

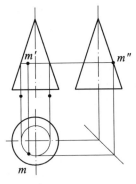

图 2-1-44　圆锥回
转面上辅助圆法找点

二、圆锥截交线的形状

圆锥截交线的形状：见表 2-7 所示。

三、圆锥截交线的绘制方法和步骤（同圆柱）

表 2-7　圆锥体截交线

截平面 位置	与轴线垂直	过锥顶点	不过锥顶	与轴线平行	与轴线倾斜（不平 行于任一轮廓线）
			平行于任一廓线	平行于两条轮 廓线	
截交线 形状	圆	等腰三角形	抛物线	双曲线	椭圆
立体图					
投影图					

四、圆锥截断体的标注

（同圆柱）如图 2-1-45 所示。

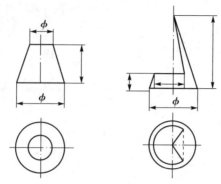

图 2-1-45　圆锥截断体的尺寸标注

任务实施

完成图 2-1-41 所示图形并标注尺寸

1. 分析图形：图形表达的主要结构是，圆柱和圆台的同轴复合体，圆台是由圆锥截切后的截断体。

2. 作图步骤：回转体有尺寸标注时，用一个视图可表达出结构和大小；按绘制中心线、根据尺寸绘制图形、标注尺寸的顺序绘图既可完成。

知识拓展

一、球表面找点的方法

1. 特殊位置上的点

在球体上有前后半球分界线、左右半球分界线和上下半球分界线，这三条线在不同视图中位置不同，分界线上的点在不同视图中位置也不相同，如图 2-1-46 所示。

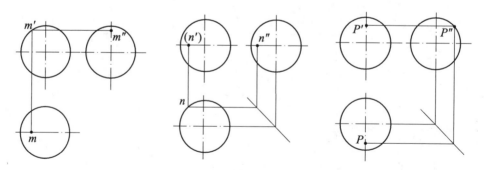

图 2-1-46　球面上分界线上的点

2. 球面上的点——辅助圆法：如图 2-1-47 所示。

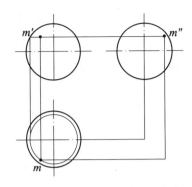

图 2-1-47　球面上辅助圆找点

二、球的截交线的形状

平面在任何位置截切圆球时，其截交线的形状都是圆。当截平面平行于某一投影面时，截交线在该投影面上的投影为圆的实形，且与原轮廓圆同心，在其它两面上的投影都积聚为直线。如图 2-1-48 所示：

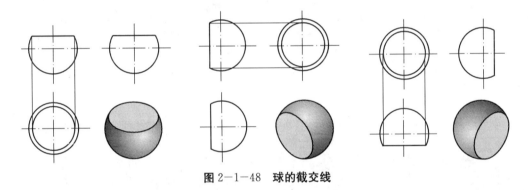

图 2-1-48　球的截交线

注意：1. 画球的截断体三视图的关键在于找到正确的圆的半径，在视图中准确的画圆

2. 截面圆的半径为中心线上的点到截面圆轮廓上的点之间的距离。

三、圆锥、球截切实例

1. 根据图 2-1-49 中给出的两视图和轴测图，完成第三视图，并标注尺寸：

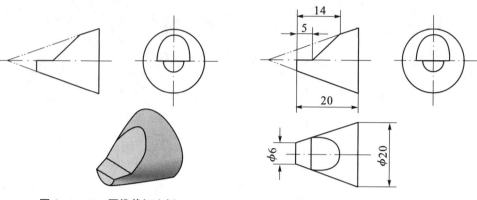

图 2-1-49　**圆锥截切实例**　　　　图 2-1-50　**圆锥截切实例**

绘图步骤

（1）分析图形：圆锥分别被垂直于轴线、平行于轴线（且过锥顶）和倾斜于轴线的截切面截切，截交线的形状分别为圆、矩形和椭圆；

（2）分别绘制各截切面产生的截交线的形状，步骤见表 2-8；

表 2-8　圆锥截断体的绘图步骤

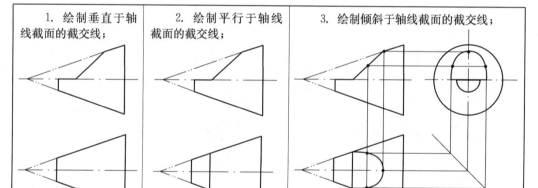

1. 绘制垂直于轴线截面的截交线；	2. 绘制平行于轴线截面的截交线；	3. 绘制倾斜于轴线截面的截交线；

（3）标注尺寸：先标注圆台的定形尺寸（底面和顶面直径和长度），再标注各截切面的截切位置（定位尺寸），整理各尺寸，结果如图 2-1-50 所示。

2. 已知图 2-1-51 中的主视和不完整的俯视图，完成俯视和左视图：

作图步骤：

（1）分析图形：俯视图为圆，主视图不完整的半圆，该物体属于球的截断体，未切割前的左视图为半圆；（根据视图特征，进行识图，然后画图）

（2）共有两个截切面进行截切，其中：平面1平行于水平面，截交线在俯视图中为圆，其它视图中为直线；平面2平行于侧立面，截交线在左视图中为圆，其它视图中为直线；

（3）绘制截交线，方法如图 2-1-52 所示，注意圆心位置和半径的截取；

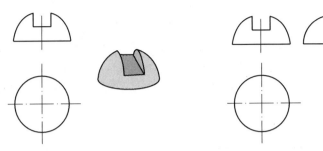

图 2-1-51 球类截断体　　图 2-1-52（a）　第一步：绘制完整的左视图

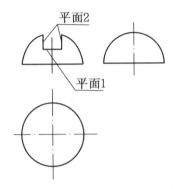

图 2-1-52（b）　第二步：分析截面位置　　

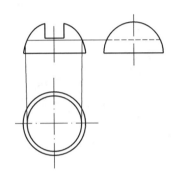

图 2-1-52（c）　第三步：绘制截交线

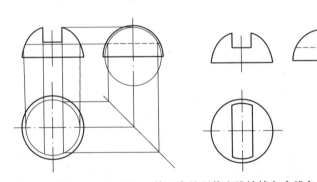

图 2-1-52（d）　第四步绘制截交线擦掉多余线条

项目一 评价

一、个人评价

评价项目	项目内容	掌握程度		
		了解（5分）	掌握（7分）	应用（10分）
基本体的种类				
棱柱三视图的特征及画法				
圆柱三视图的特征及画法				

评价项目	项目内容	掌握程度		
		了解（5分）	掌握（7分）	应用（10分）
平面立体尺寸标注的内容				
回转体尺寸标注的内容				
平面立体的截交线的形状和画法				
回转体的截交线的形状和画法				
怎样进行识读各种基本体的形状和尺寸				

二、小组评价

三、教师评价

项目二　正等轴测图

项目描述

识图的难点在于看懂物体的结构，而物体的结构往往是通过立体图来表达。轴测图是表达立体形状的一种图形。

通过本项目的学习，掌握轴测图常用的画法和技巧，在制作模型的过程中帮助学生进行立体想象，培养学生的空间思维能力。

任务1　绘制平面立体正等轴测图

布置任务

图2-2-1中是由平面立体组成，本任务是学习绘制平面立体正等轴测图，培养学生的立体想象能力。

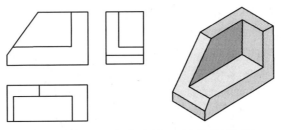

图2-2-1 由三视图绘制平面立体的轴测图

相关知识

一、概念

1. 常用轴测图的种类有正等轴测和斜二测。

2. 正等轴测图轴间角和构图面

轴间角均为120°，Z轴为垂直线，X、Y轴是与水平线成30°角的斜线，如图2-2-2所示；OXZ为主视构图面，OXY为俯视构图面，OYZ为左视构图面，如图2-2-3所示。

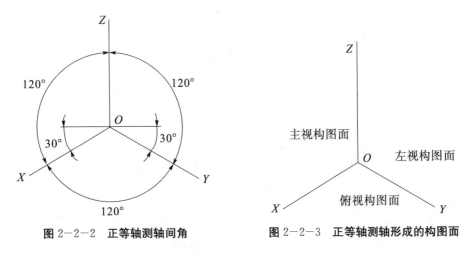

图2-2-2 正等轴测轴间角　　　　图2-2-3 正等轴测轴形成的构图面

3. 正等轴测轴表示的含义及轴向伸缩系数

（1）轴测轴表示的含义：X轴表示长度方向的尺寸，Y轴表示宽度方向的尺寸，Z轴表示高度方向的尺寸。

（2）轴向伸缩系数：各轴的轴向伸缩系数相等，均为0.82，但为了作图方便一般简化为1，即按实际的长、宽、高来绘制。

二、绘制方法和步骤

1. 正等轴测图的画法

（1）拉伸法：如图2-2-4所示，先在合适的构图面上绘制形体的特征面，然后将物征面沿某一方向一起拉伸一定距离，从而形成物体轴测图的方法。这种方法适合广义柱类（即由两个平面相互平行全等的多边形端面与若干个垂直于端面的侧面所围成的几何体）轴测图的绘制。

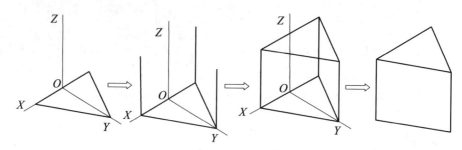

图 2—2—4　拉伸法绘制轴测图

　　（2）叠加法：如图 2—2—5 所示，先将形体中稍大的一个形体的轴测图绘出，然后逐一确定其它形体的叠加位置，绘制这一形体的轴测图，最后得出组合体轴测图的方法。

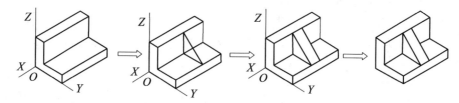

图 2—2—5　叠加法绘制轴测图

　　（3）切割法：如图 2—2—6 所示，先画出完整形体的轴测图，再按截切位置逐一切割出切割部分，最后得该形体的轴测图。

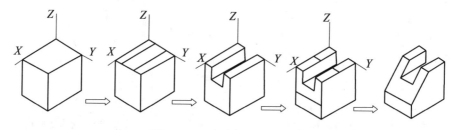

图 2—2—6　切割法绘制轴测图

　　2. 轴测轴的设置技巧

　　轴测轴一般设置在形体本身某一特征位置的线上，可以是主要棱线、中心对称线、轴线等，如图 2—2—7 所示。

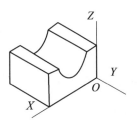 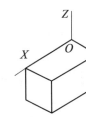 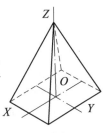 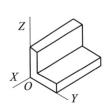

（a）特征面在主视构图面　　　（b）　特征面在俯视构图面　　　（c）特征面在左视构图面

图 2-2-7　轴测轴的设置

注意：一般情况下，当特征面在主视图上时，向后拉伸；当特征面在俯视图上时，向下拉伸；当特征面在左视图上时，向右拉伸；这样可以只画可见性线条，省去不可见线条的绘制。

任务实施

一、完成图 2-2-1 所示图形

实施步骤：

1. 分析图形，确定绘图方法：

平面图的识图过程可以分以下三步：如图 2-2-8 所示。

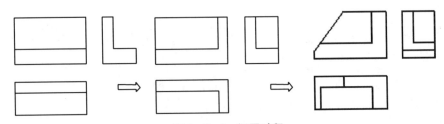

图 2-2-8　识图过程

（1）：左视图为多边形，另两视图都是矩形组，该物体属于棱柱类，特征面为左视图的 L 型，用拉伸法绘制轴测图；

（2）与上步比较，主视图和俯视图的右侧多出两个矩形，左视图的前方多一个矩形，说明在上步形体的右前方叠加一个四棱柱，用叠加法绘图；

（3）主视图左上角少了一个直角三角形，俯视图的左侧多出两条交线，左视图的下方多一条直线，说明在上步形体的左侧切割一个三棱柱，用切割法绘图；

2. 绘制轴测轴，并在左视构图面上按图示的宽和高画出特征面；

3. 将 L 型面上的六个点同时向右拉伸相等的长度；

4. 连接可见点，擦去多余的线条。结果如图 2-2-9（a）所示。

5. 确定叠加位置；在 L 型图的右前方画出四棱柱的长和宽，向上拉伸主视图中所示的高度；（或画出四棱柱的长和高，向前拉伸俯视图中所示的宽度，也可画出四棱柱的高和宽，向左拉伸主视图中所示的长度），擦去隐藏线和平齐表面处的交线，如图 2

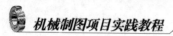

—2—9（b）所示。

注意：当两个平面立体叠加时，如果两表面平齐共面，则两表面相交处无交线，不平齐时则有交线。

7. 确定切割位置；在上题轴测图的上面，从右向左确定截切面的起始位置；在轴测图的左面，从下向上确定截切面的终止位置；（注意俯视图中多出的交线要在轴测图中画出），结果如图2—2—9（c）所示。

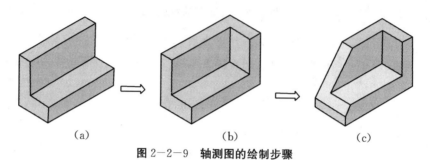

（a）　　　　　（b）　　　　　（c）

图2—2—9　轴测图的绘制步骤

知识拓展

一、徒手绘制以上正等到轴测图：

1. 徒手绘图的要求

（1）手握笔位置稍高且放松，绘图速度快，一般使用较软铅笔，画线要稳，图线清晰；

（2）目测尺寸要准确（尽量符合实际），各部分比例匀称；

（3）如需标注尺寸时，数字要准确无误，字体工整；

2. 徒手绘图的方法

（1）画直线时，眼注意终点方向，便于控制图线；

（2）画圆时，先在中心线上截得四点，画椭圆时，先画出其对角平分线，然后徒手将各点连接成圆；

（3）画角度线时，可根据直角三角形直角边的比例关系定出终点，然后连线；

（4）画出外切棱形对边平分线，作棱形，再徒手画出四段连接圆弧。

任务2　绘制圆柱正等轴测图

布置任务

圆柱是工作中常用的一个基本体，圆柱正等轴测图也是比较重要的内容，本任务是学习圆柱正等轴测图的画法。

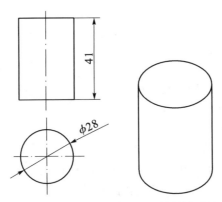

图 2-2-10　由三视图绘制圆柱的轴测图

相关知识

一、概念

1. 圆柱的轴测图

圆在正等轴测图中不能反映实形，其轴测投影为椭圆，如图 2-2-11 所示；圆柱在三个方向的正等轴测图如图 2-2-12 所示。

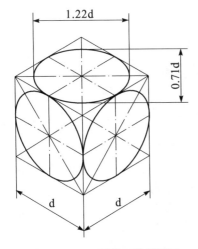

图 2-2-11　圆的正等轴测图

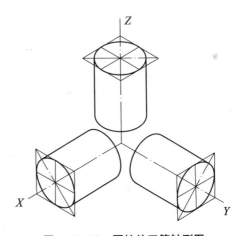

图 2-2-12　圆柱的正等轴测图

2. 圆的正等轴测图——椭圆的画法

四心法绘制椭圆，步骤如图 2-2-13 所示。

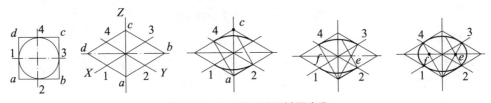

图 2-2-13　四心法画椭圆步骤

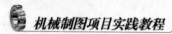
任务实施

一、完成图 2－2－10 所示图形

实施步骤：

1. 分析图形，确定绘图方法：

圆柱是由上下两个圆端面和回转面构成，圆的轴测图形是椭圆，用移心法画出两个椭圆，再将上下两个椭圆的切线画出既可完成。

2. 绘制轴测轴；

3. 在俯视构图面上按图示的半径画出平行四边形，按四心法绘制椭圆；

4. 将轴测轴向上（下）移动 41 mm，重复上步绘制椭圆；

5. 连接椭圆切线，擦去看不见的线条。如图 2－2－14 所示。

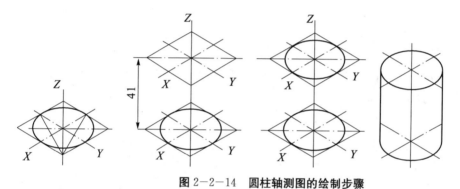

图 2－2－14　圆柱轴测图的绘制步骤

知识拓展

一、绘制图 2－2－15 圆角平板正等轴测图

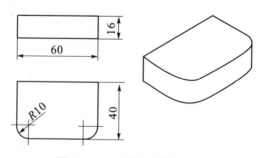

图 2－2－15　圆角平板轴测图

实施步骤：

1. 分析图形，确定绘图方法：圆角平板是由一个四棱柱的左、右前方倒圆角构成，圆角的轴测图是椭圆的一部分，本任务重点是找圆角的圆心。

2. 按尺寸绘制四棱柱轴测图；

3. 在四棱柱顶面找出左右圆角的圆心，并绘制圆弧；

4. 将圆弧的圆心向下移动 16 mm，绘制圆弧；

5. 连接右圆弧切线，擦去多余的线条。如图 2−2−16 所示。

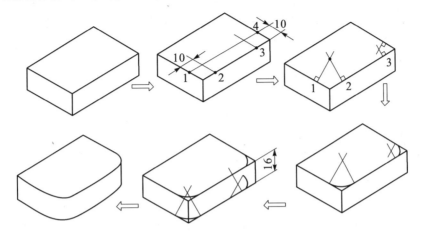

图 2−2−16　圆角平板轴测图的绘制步骤

二、徒手绘制以上两种正等到轴测图：如图 2−2−17 所示

1. 先按轴测轴夹角画出中心线，先在中心线上截得四点，连成圆形；向下移动中心，画出外部可见圆弧；连接上下圆弧的切线。

2. 先画四棱柱的轴测图；再画左右两个圆角。

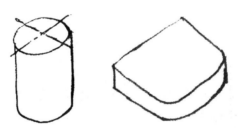

图 2−2−17　徒手绘制圆柱、圆角平板轴测图

项目二　评价

一、个人评价

评价项目	项目内容	掌握程度		
		了解（5分）	掌握（7分）	应用（10分）
正等轴测图轴间角				
正等轴测图的常用画法				
轴测轴设置有哪些技巧				
圆柱正等轴测图的画法				

续表

评价项目	项目内容	掌握程度		
		了解（5分）	掌握（7分）	应用（10分）
圆角正等轴测图的画法				
椭圆的画法				
徒手绘图的技巧				
轴测图对学习制图有什么帮助				

二、组内评价

三、教师评价

项目三　相贯体与组合体

项目描述

基本体与基本体之间相交与相贯，叠加与切割便形成了各种复杂形体——相贯体与组合体。组合体是理想的零件。

通过本项目的学习，掌握相贯线的画法，理解相贯线与截交线的区别；了解组合体的组合方式，熟练地绘制组合体的三视图，并标注组合体中各基本体的定形、定位尺寸以及组合体的总体尺寸；能够识读相贯体和组合体的图形。

任务1　绘制三通管视图并标注尺寸

布置任务

三通管是日常生活和工作中的常用部件，它是由两个圆柱相贯而成。本任务绘制三通管的视图，为识读相贯体打基础。

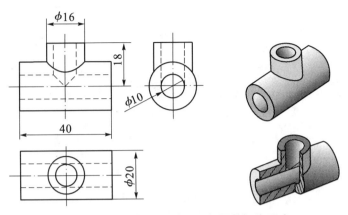

图 2−3−1　由轴测图绘制三视图并标注尺寸

相关知识

一、立体相贯的形式

立体相贯有三种情况：

1. 平面立体与平面立体相贯，如图 2−3−2（a）所示。

2. 平面体与回转体相贯，如图 2−3−2（b）所示。

3. 回转体与回转体相贯，这里又分两种情况：

(1) 共轴回转体相贯，如图 2−3−2（c）所示；

(2) 不共轴回转体相贯，如图 2−3−2（d）所示。

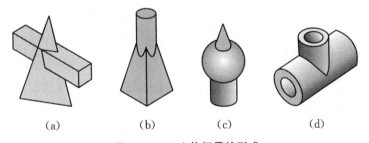

（a）　　　　　（b）　　　　　（c）　　　　　（d）

图 2−3−2　立体相贯的形式

二、共轴线回转体相贯

共轴线回转体相贯线是垂直轴线的圆。当该类相贯线平行于某一投影面时，它们在该投影面上的投影为圆，在其它投影面上的投影为垂直轴线的直线，线段长度尺寸即为该相贯圆的直径尺寸，如图 2−3−3 所示。

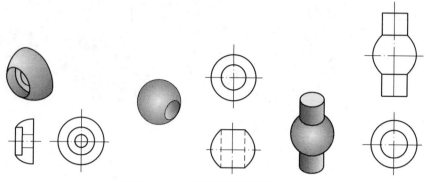

图 2-3-3　共轴线的回转体相贯线

三、平面立体与平面立体相贯：

可以看作是立体被多个截平面截切，按基本体的截断体来绘制，如图 2-3-4 所示。

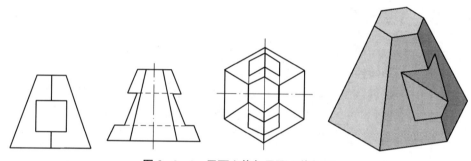

图 2-3-4　平面立体与平面立体相贯

四、平面立体与回转体相贯

由于平面立体的各个面都是平面，所以平面立体与回转体相贯也是按截交线来绘制，如图 2-3-5（a）和 2-3-5（b）所示。

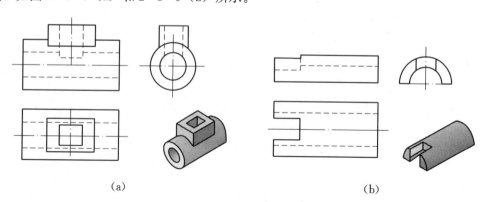

（a）　　　　　　　　　　　　　　　　（b）

图 2-3-5　平面立体与回转体相贯

五、圆柱垂直相贯形式

圆柱与圆柱垂直相贯，也称为正交相贯，共有三种形式，如图 2-3-6 所示。

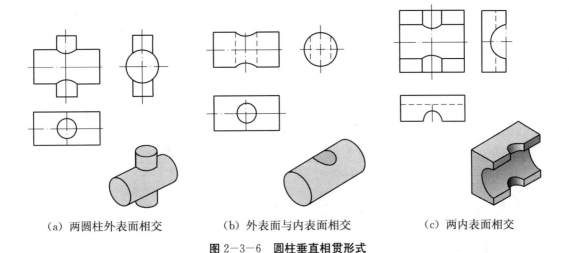

（a）两圆柱外表面相交　　　（b）外表面与内表面相交　　　（c）两内表面相交

图 2-3-6　圆柱垂直相贯形式

六、不同直径的圆柱垂直相贯

1. 相贯线形状：不同直径的圆柱垂直相贯时，相贯线的形状为圆弧。

2. 作图方法：有两种：

（1）相贯线的一般画法：找特殊点　Ⅰ、Ⅱ、Ⅲ；找一般点　Ⅴ、Ⅵ（注：相贯线前后对称，这里只画前面，一般点越多，形状越逼真）；用光滑的曲线连线，如图 2-3-7 所示。

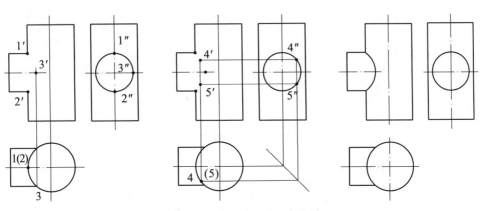

图 2-3-7　相贯线的一般画法

（2）相贯线的简化画法：也称近似画法，在小圆柱的轴线上找圆心，用大圆柱的半径画弧，弧线向大圆柱轴线弯曲，如图 2-3-8 所示。

七、相同直径的圆柱垂直相贯

当两直径相同的圆柱垂直相贯时，相贯线的形状变为直线，如图 2-3-9 所示。

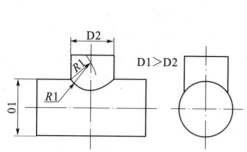

图 2-3-8　相贯线的简化画法　　　　图 2-3-9　相同直径的圆柱垂直相贯

注意：对于图 2-3-9 有如下说明：1. 当有尺寸标注时，可省略俯视和左视图。

2. 当相贯线为直线时，可标注一个圆柱直径。

八、相贯体的尺寸标注

相贯体标注尺寸时，只标注两类尺寸：

1. 分别标注各个形体的定形尺寸，如图 2-3-9 中的 $\varnothing$ 20、40、18 尺寸；

2. 标注形体的相对位置尺寸，即定位尺寸，如图 2-3-10 中的 11 尺寸；

3. 标注总体尺寸。

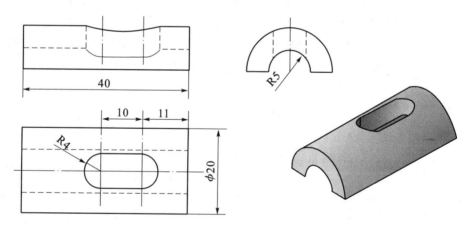

图 2-3-10　相贯体的尺寸标注

注意：1. 相贯体不应标注相贯线的形状。

2. 如总体尺寸可由定形、定位尺寸算出，则不必标注总体尺寸，如图 2-3-9、2-3-10；但有时要标注总体尺寸不标定位尺寸，一定要做到尺寸标注合理。

任务实施

一、完成图 2-3-1 所示图形

实施步骤：

1. 分析图形：从图中可看出三通管由两直径不等的圆柱外表面相交，得相贯线为圆弧；同时又有两等径圆柱内表面相贯，得相贯线为直线（参见图2—3—1半剖立体图）；

2. 绘制水平圆柱筒的三视图——带中心线的矩形和圆；

3. 绘制垂直圆柱筒的三视图——带中心线的矩形和圆；

4. 在主视图中绘制外相贯线——圆弧（实线），绘制内相贯线——直线（虚线）；

5. 标注各圆柱的定形尺寸，由于垂直圆柱在对称面上与水平圆柱相贯，故省略定位尺寸，结果如图2—3—1所示。

知识拓展

一、同轴复合体截交线的画法

1. 形体分析：

（1）分析由几个基本体组成，各基本体之间的相对位置以及分界处，分析截平面与轴线的相对位置；

（2）分析各基本体截交线的形状。

2. 逐个画出各基本体的截交线，注意找出分界点；

3. 连线成封闭图形，注意补充不可见轮廓线。

二、同轴复合体实例——根据图2—3—11所示轴测图，绘制铣床顶尖头三视图：

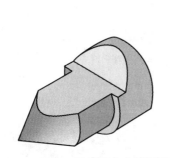

图2—3—11　铣床顶尖头轴测图

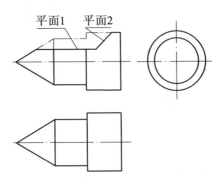

图2—3—12（a）　绘制截交线的第二步

作图步骤：

1. 分析图形：顶尖头是由同轴的圆锥、圆柱组合而成。被相交的两个截平面截切，其中：平面1平行于轴线，它截切圆锥得截交线为双曲线，截切圆柱得截交线为矩形；平面2倾斜于轴线，它截切圆柱得截交线是椭圆的一部分，顶尖头的截交线由三部分组成。

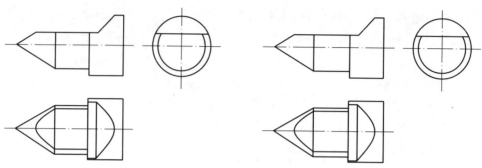

图 2－3－12（b）　绘制截交线的第三、四步

2. 绘制圆柱圆锥的三视图，并在主视图中画出截切面的截切位置，如图 2－3－12（a）所示；

3. 绘制截交线，并画出分界点的位置和两截切面间的交线；

4. 擦去截切的线，并补充不可见轮廓线，方法如图 2－3－12 所示。

注意：绘制双曲线和不完整少半部分椭圆时，可采用五（七）点法：三个特殊点，两（四）个一般点。

三、相贯体的识读

如果有两个或两个以上的基本体相贯时，要首先关注它所从属的基本体的形状以及它们的相对位置，后根据基本体之间表面交线（截交线和相贯线）的形状，判断贯入的基本体形状。如图 2－3－13 中圆柱筒，圆筒的上部和中间的表面交线是不相同的，上面的交线为直线，可判断为开方槽，中间交线外面为圆弧，可判断为开圆孔。

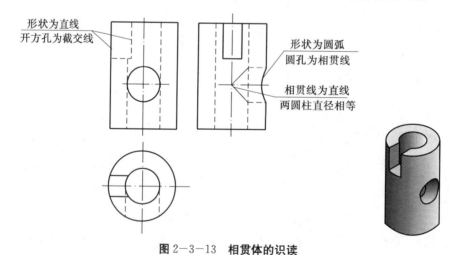

图中标注：
- 形状为直线
- 开方孔为截交线
- 形状为圆弧
- 圆孔为相贯线
- 相贯线为直线
- 两圆柱直径相等

图 2－3－13　相贯体的识读

任务 2　识读轴承座组合方式和表面连接关系

布置任务

复杂形体是由基本形体通过一定的组合方式组合而成，在组合的过程中，由所处位置不同,形成了不同的表面连接关系。本任务就是识读轴承座组合方式和表面连接关系。

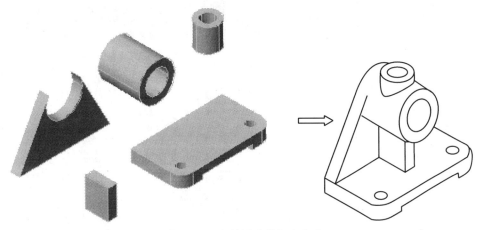

图 2-3-14　轴承座的组合方式

相关知识

一、组合体的组合方式

组合方式有三种情况:

1. 叠加:如图 2-3-15(a)所示。

2. 切割:如图 2-3-15(b)所示。

3. 叠加与切割综合:如图 2-3-15(c)所示。

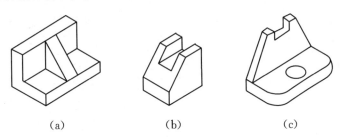

(a)　　　　　　(b)　　　　　　(c)

图 2-3-15　组合体的组合形式

二、组合体表面连接关系

1. 共面与不共面:

当两基本体表面共面时,结合处不画分界线,如图 2-3-16(a)所示;当两基本体表面不共面时,结合处画分界线,如图 2-3-16(b)所示;当可见侧共面,不可见侧不共面时,结合处用虚线表示,如图 2-3-16(c)所示。

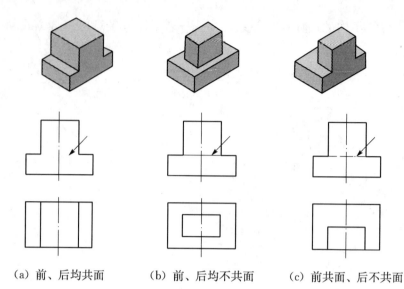

（a）前、后均共面 （b）前、后均不共面 （c）前共面、后不共面

图 2-3-16 两表面共面与不共面的画法

2. 相切

当两基本体表面时，由于是光滑过渡，在相切处不画分界线。如图 2-3-17 所示，绘图是关键要找到切点在三视图的位置。

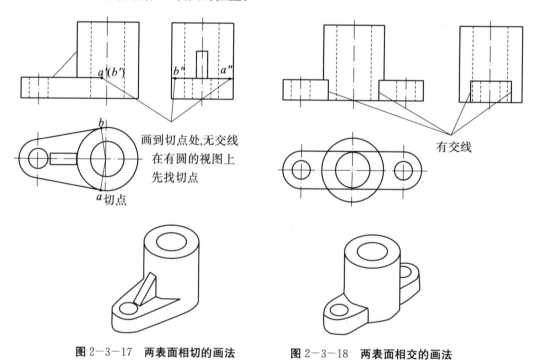

图 2-3-17 两表面相切的画法　　图 2-3-18 两表面相交的画法

3. 相交

当两基本体表面相交时，在相交处应画出分界线，如图 2-3-18 所示。

注意：两基本体叠加融为一体时，无交线，如图 2-3-17、2-3-18 中圆柱与底板融为一体的部分，在主视图中均无交线。

70

（任务实施）

一、完成图 2-3-14 所示轴承座的组合过程，并分析各部分的组合方式及表面连接关系。

实施步骤：

1. 分析轴承座的组成部分，并了解组合顺序：从图中可看出轴承座由带孔槽底板、肋板、支撑板和两直径不等的圆柱筒组合而成；组合顺序由下而上，由大到小。

2. 肋板叠加在底板的后、上方，左右端面不共面，有交线；

3. 大径圆筒叠加在肋板的上方，肋板与圆筒相切，相切处无交线，圆筒的后端面与肋板的后端面共面，无交线；

4. 支撑板叠加在底板的上面大径圆筒的下方，支撑板的后端面与肋板的前端面紧贴在一起，支撑板与大径圆筒相交关系，有交线；

5. 小径圆筒与大径圆筒相互贯入（圆筒是先叠加外部大圆柱，再切割内部小圆柱），有相贯线（里外都有），其组合过程如图 2-3-19 所示。

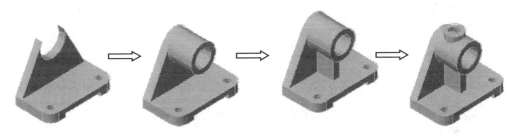

图 2-3-19　轴承座组合过程

任务 3　绘制轴承座三视图

（布置任务）

绘制组合体三视图是绘制零件图的基础，也是识读复杂图形的基础。本任务是绘制轴承座的三视图。

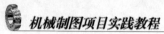
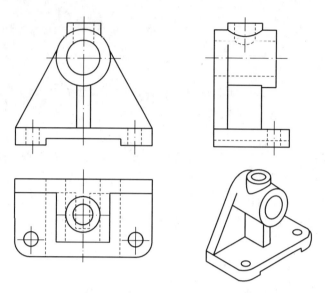

图 2-3-20　绘制轴承座的三视图

相关知识

一、形体分析法

在画、读组合体视图及尺寸标注过程中，通常把组合体分解成若干个基本形体，分别分析各形体的形状、相对位置、组合形式及表面连接关系，并想象它们的空间形状，这种分析方法称为形体分析法。

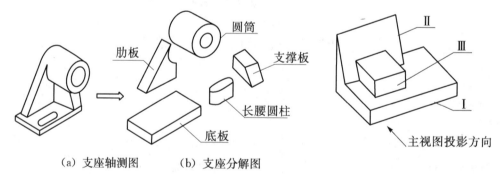

（a）支座轴测图　　（b）支座分解图
图 2-3-21　支座形体分析　　　　图 2-3-22　叠加类组合体形体分析

如图 2-3-21（a）所示的支架，运用形体分析法可将其分解为：图 2-3-21（b）中的底板、圆筒、肋板、支撑板和长腰圆柱五个组成部分，把复杂的组合体转化为简单的基本体，有利于作图和标注尺寸。

二、组合体视图画法

（一）叠加类组合体三视图的画法

1. **形体分析**：如图 2-3-22 中物体可分为三个基本体组成。

2. 选择主视图的方向：选择能够反映物体特征及基本体相对位置最为全面的方向作为主视图方向。

3. 视图布置：

（1）先根据物体的大小，确定比例，选择合适的图幅，确定各视图的位置；

（2）根据确定好的视图位置，画出基准线。这里注意各视图之间要留有一定的空间，用于标注尺寸。

4. 绘制底稿：按一定的顺序由大到小，分别绘制各形体的三视图。

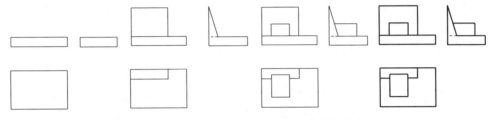

图 2-3-23　叠加类组合体三视图的绘制步骤

5. 检查修改，擦掉多余的线，描深，如图 2-3-23 所示。。

注意：1. 当绘制的图形是对称体、孔、半圆等形状时，应先绘制对称中心线或轴线；

2. 每个基本体的绘制先从反映形状特征最多的视图着手，遵循先定位、后形状的原则；

3. 画好一个基本体三视图之后，再画另一基本体的三视图，以免引起混乱；

4. 在叠加过程中要处理形体间的表面交线，即考虑有无交线、虚线的形成。

（二）切割类组合体三视图的画法

1. 形体分析

可将物体看成是由大的基本体切割去了另外几个基本体。如图 2-3-24 可以看作是五棱柱，切割四棱柱而成。

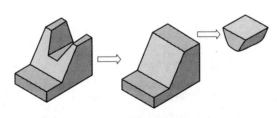

图 2-3-24　切割类组合体形体分析

2. 绘制未切割前基本体的三视图；

3. 逐个切割各个基本体：先确定切割位置，再进行切割。

4. 修整多余的线条，判断线条的可见性，加粗描深，完成全图，如图 2-3-25 所示。

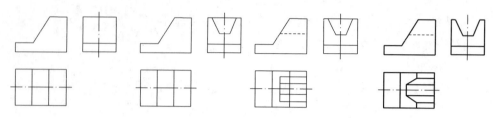

图 2—3—25　切割类组合体三视图的绘制步骤

任务实施

一、绘制图 2—3—20 轴承座的三视图，作图步骤如下：

1. 形体分析

由图可看出该组合体主要由底板、圆筒、圆凸台、肋板和支撑板组成，这几部分之间通过叠加而成，底板由前面带圆角的四棱柱切割一个四棱柱和两个圆柱而成，如图 2—3—26 所示。

2. 选择投影方向

根据组合结构特征选择主视图的投影方向，如图 2—3—26 所示。

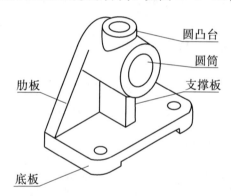

圆凸台
圆筒
肋板
支撑板
底板

图 2—3—26　轴承座的形体分析和投影方向

3. 画出基准线、中心线，确定视图的位置；

4. 画底板的三视图

（1）画带圆角的柱类板的三视图；

（2）画圆孔的三视图；

（3）画切割四棱柱的三视图。

5. 确定圆筒的叠加位置，绘制圆筒三视图。先画主视图，再画俯视和左视图。

6. 确定圆凸台的叠加位置，绘制圆凸台三视图。绘制过程中要注意内、外相贯线。

7. 画肋板的三视图：主视图中与圆筒相切，俯视、左视图中与圆筒表面连接处无交线。

8. 绘制加强板三视图：先画主视图，再画俯视和左视图，俯视图中加强板的后面与肋板的前面之间融为一体无交线；左视图中加强板与圆筒之间有截交线。

9. 检查全图，描深加粗图线，完成全图。作图具体过程如图 2—3—27 所示。

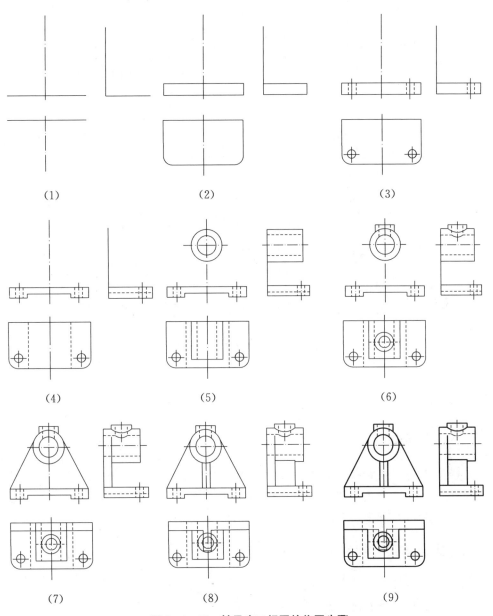

(1)   (2)   (3)

(4)   (5)   (6)

(7)   (8)   (9)

图 2—3—27　轴承座三视图的作图步骤

任务 4　标注轴承座尺寸

　　加工零件时要依据图样中的尺寸，标注组合体尺寸是为识读零件图的尺寸打基础。本任务是标注轴承座尺寸。

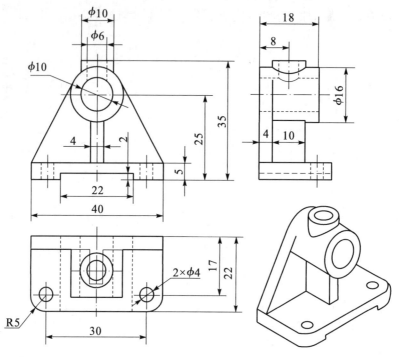

图 2-3-28　标注轴承座的尺寸

相关知识

一、尺寸种类

1. 定形尺寸：确定各基本体形状大小的尺寸。
2. 定位尺寸：确定各基本体之间相对位置的尺寸。
3. 总体尺寸：确定组合体外形总长、总宽、总高的尺寸。

二、组合体尺寸标注的基本要求

1. 正确：选择的基准要准确，标注要符合国标规定；
2. 完整：尺寸不遗漏，不重复；
3. 清晰：尺寸要标注在特征比较明显的视图上，并整齐排列，使看图方便；
4. 合理：尺寸标注既能保证设计要求，又便于加工、装配和测量。

三、组合体尺寸标注步骤

1. 形体分析：将复杂形体分解为苦干个基本形体；
2. 选择尺寸基准：长、宽、高三个方向各有一个尺寸基准，一般选择较大的端面和中心对称面为尺寸基准，当形体较复杂时，除主要尺寸基准之外，还可设辅助基准；
3. 叠加类组合体先分别标注各基本形体的定形尺寸和定位尺寸，再标注总体尺寸；
4. 切割类组合体按截断体尺寸标注方法进行标注；

5. 检查调整各尺寸，做到完整、正确、清晰、合理。

当按不同形体标出全部定形定位尺寸后，尺寸已完整，若再加注总体尺寸就会出现多余尺寸时，必须在同一方向减去一个尺寸，如图 2-3-29（a）；如果有一端或两端是圆柱面，不应标注总体尺寸，而是由定位尺寸和定形尺寸间接确定，如图 2-3-29（b）、（c）所示。

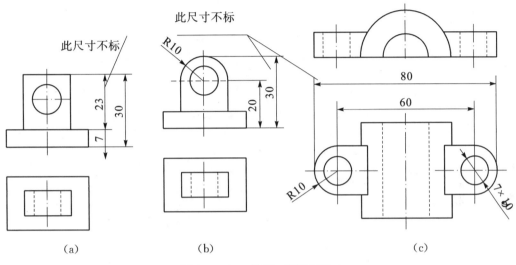

图 2-3-29　检查、调整各尺寸

注 1. 半径不标注数量，如图 2-3-29（c）所示。

2. 一般长度标注在主、俯视图之间，高度标注在主、左视图之间，宽度标注在俯视右侧或左视下侧。

四、尺寸标注的注意事项

1. 突出特征：尺寸一般不标注在虚线上。

2. 相对集中：同一基本体的定形尺寸和定位尺寸，应尽可能集中标注在一个视图上，便于读图。

3. 逐一标注：标注某一形体尺寸时，把它的定形尺寸和定位尺寸标注完整后，再标注另外一个形体的尺寸，这样避免遗漏尺寸，但每一尺寸只标注一次，不得重复。

任务实施

一、标注图 2-3-28 轴承座的尺寸，具体步骤如下：

1. 形体分析
同绘制三视图的形体分析。

2. 选择尺寸基准
根据组合体结构特征，长度方向以对称面为基准，宽度方向以后端面为基准，高度

方向以底面为基准，如图2－3－30所示。

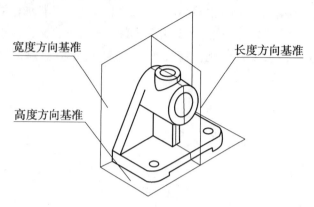

宽度方向基准

长度方向基准

高度方向基准

图2－3－30　**轴承座的尺寸基准**

3. 分别标注各形体的定形尺寸，如图2－3－31所示。

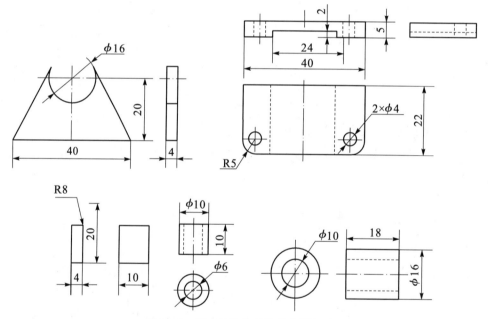

图2－3－31　**标注各形体的定形尺寸**

4. 从尺寸基准开始标注各形体定位尺寸，如图2－3－32所示，图中标有△处为尺寸基准。

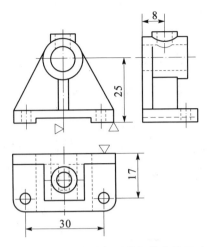

图 2-3-32　标注各形体间的定位尺寸

5. 标注总体尺寸，如图 2-3-28 中 35。

6. 检查调整各尺寸，将圆凸台的定形尺寸 10 去掉，做到完整、正确、清晰、合理，如图 2-3-28 所示。

任务 5　识读支座组合体并补画视图

布置任务

识读视图是一线技术人员的必备技能，读图的快慢和准确性对以后工作产生直接影响。本任务识读支座组合体并补画视图的目的是让学生学会读图的要领，培养学生的一定想象能力。

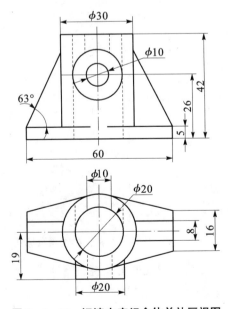

图 2-3-33　识读支座组合体并补画视图

相关知识

一、读图要领

1. 几个视图一起看

当两个视图不能确定物体形状时，要联系第三视图一起看，如图 2-3-34 所示。

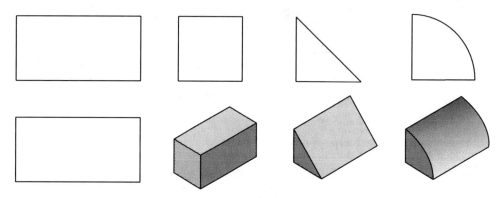

图 2-3-34　识读支座组合体并补画视图

2. 看特征视图想象形状和位置：

如图 2-3-35（a）中左视图为特征视图，图 2-3-35（b）中俯视图为特征视图。

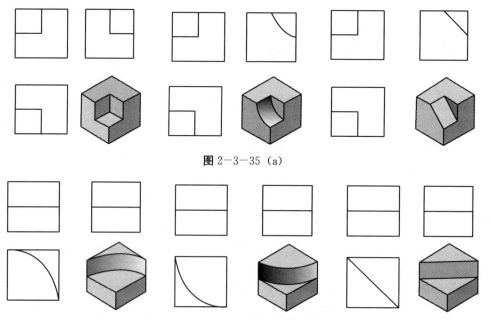

图 2-3-35（a）

图 2-3-35（b）　看特征视图想象形状

3. 利用"三等规律"、方位和图线的可见性进行构思形状：

如图 2-3-36 所示，左视图中方框用粗实线或虚线表达时，则表示方孔与圆孔左、右位置不同。

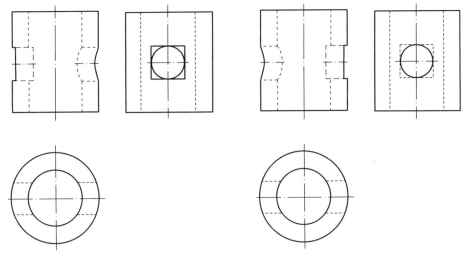

（a）左方孔、右圆孔　　　　　　　（b）左圆孔、右方孔

图 2－3－36　图线的可见性表示不同的位置

4. 看图顺序可按：先主后次，先整体后局部，先易后难。

二、根据视图想象形状的方法和步骤

1. 形体分析法：

形体分析读图的流程如图 2－3－37 所示。

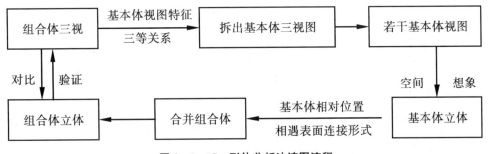

图 2－3－37　形体分析法读图流程

2. 识图的内容：

分析形状结构，了解各组成部分的相对位置关系；分析组合体尺寸，了解组合体总体尺寸，了解组合体的大小，还要确定各组成部分的定形尺寸和定位尺寸。

3. 读图步骤：

（1）划线框，分形体　　　（2）对投影，想形状

（3）合起来，想整体　　　（4）返回去，相对比

任务实施

一、分析图 2－3－33 的视图和尺寸，想象物体的形状和大小，补画视图并回答问题。

1. 支座的形状结构

(1) 支座是由几部分组成? 其中圆筒的后面被切割了几个形体? 形体的形状是什么?

(2) 底板与圆筒的连接方式是相切还是相交? 连接处有无交线?

2. 相对位置

(1) 位于最下面的组成部分是_____; (2) 位于最前面的组成部分是_____;

3. 尺寸分析

(1) 支撑板的定形尺寸是_____; (2) 凸台的定位尺寸是_____;

(3) 在图中标出长、宽、高的尺寸基准; (4) 总体尺寸是_____。

实施步骤

1. 形体分析

由图可以看出该组合体主要由底板、圆筒、圆凸台、支撑板组成,如图 2-3-38 所示。这几部分之间通过叠加而成(主视图是线框接线框),底板和圆筒以相切形式连接(因主视图中无交线),圆筒是由圆柱切割一个四棱柱和两个圆柱而成,而且被切割两圆柱直径相等(从俯视图中看出)。

2. 按圆筒、底板、支撑板、凸台的顺序,逐一画出各基本体左视图,如图 2-3-39 所示。

3. 相对位置:由形体分析可知,位于最下方的是底板;最前面的是凸台。

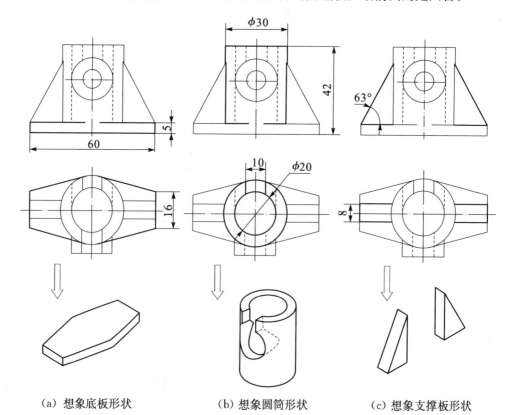

(a) 想象底板形状　　　(b) 想象圆筒形状　　　(c) 想象支撑板形状

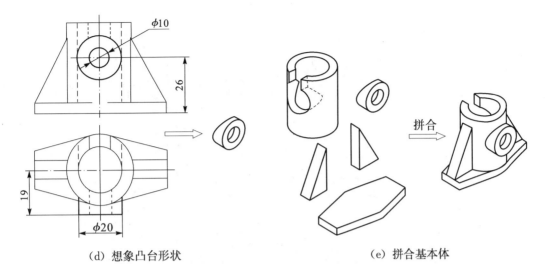

（d）想象凸台形状 　　　　　　　　（e）拼合基本体

图 2-3-38　**分析、想象出基本体立体，拼合基本体成组合体**

4. 分析尺寸：

（1）确定尺寸基准：长度、宽度的基准在圆筒的中心线上，高度基准在底板的下端面；

（2）支撑板的定形尺寸：为 8、63°；

（3）凸台的定位尺寸：是 26，19；

（4）总体尺寸：总长为 60，总宽为 30，总高为 42，完成全题，如图 2-3-40所示。

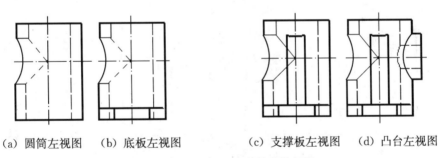

（a）圆筒左视图　（b）底板左视图　　　　（c）支撑板左视图　（d）凸台左视图

图 2-3-39　**逐一画出各基本体视图**

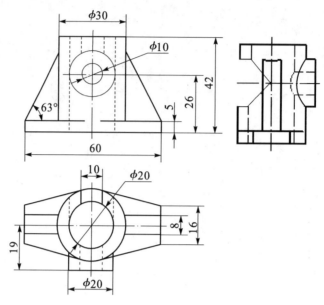

图 2-3-40　补画左视并指出尺寸基准

知识拓展

一、观察图 2-3-41 中的两视图，想象物体形状，并补画左视图

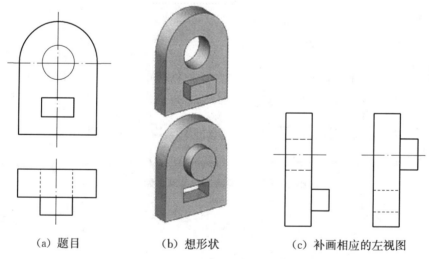

（a）题目　　　　　（b）想形状　　　　（c）补画相应的左视图

图 2-3-41　想形状补画视图

项目三　评价

一、个人评价

评价项目	项目内容	掌握程度		
		了解（5分）	掌握（7分）	应用（10分）
相贯线的画法				
相贯线与截交线的区别				
组合体的组合方式				
绘制组合体的三视图的方法				
绘制组合体的三视图的步骤				
组合体尺寸标注的内容				
识读相贯体的方法				
识读组合体的方法和步骤				

二、小组评价

三、教师评价

模块三 识读零件图

项目一 识读衬套零件图

项目描述

零件图是表达单个零件形状、大小和特征的图样，也是在机械设计制造和检验机器零件时所用的图样。在生产过程中，根据零件图样和图样标注的技术要求进行生产准备、加工制造及检验。它是指导零件生产的重要技术文件，因此，在机械设计与制造中，识读零件图是至关重要的。

图3－1－1所示为衬套零件图，本项目学习目的是通过识读衬套零件图初步了解套类零件图的结构特征，掌握零件图表达方案的选择方法，理解零件图上标注的尺寸和技术要求的意义。

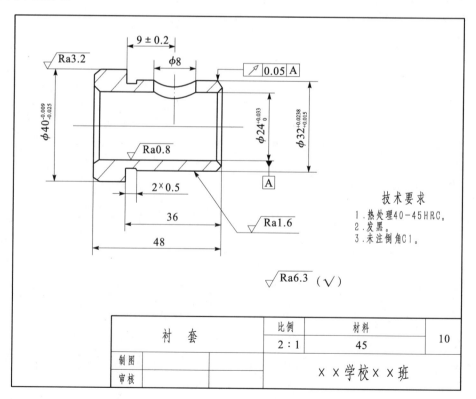

图3－1－1 衬套零件图

任务1 识读衬套的表达方案

布置任务

本任务学习的重点是掌握零件表达方案的选择方法，并读懂图3－1－1所示衬套零件图的视图——全剖视图的画法。

相关知识

一、零件图的概念及内容

表示零件结构形状、尺寸大小和技术要求等内容的图样称为零件图。零件图是生产和检验零件的依据，是设计和生产部门的重要技术文件之一。

一张完整的零件图应具有下列内容：

1. 一组视图：表达零件的结构形状。
2. 完整的尺寸：确定各部分的大小和位置。
3. 技术要求：加工、检验达到的技术指标。
4. 标题栏：零件名称、数量、材料及必要签署。

二、零件图表达方案的选择

零件图是通过一组视图表达零件的内、外部的结构和形状。视图选择是否合理，直接关系到能否完整、清晰地将零件的结构表达清楚。

（一）主视图

主视图反映零件的主要特征，是一组视图的核心。画图和看图一般从主视图入手，主视图选择是否合理将直接影响到看图和画图的效果。选择主视图时，一般应根据以下三个方面综合考虑。

1. 确定零件的安放位置

确定零件的安放位置，其原则是尽量符合零件的主要加工位置和工作位置。如轴、套、轮、盘等零件，大部分工序是在车床或磨床上进行的，这类零件的主视图应按加工位置的原则放置。而叉架、箱体类零件加工过程复杂，难分主次，一般按工作位置或以形状特征为主放置。

2. 确定零件主视图的投影方向

主视图的投影方向应选择最能显示零件各组成部分的形状结构和相对位置的那个方向，即最能显示零件形体特征的方向。

如3－1－2图所示的衬套，若以A向作为主视图投影方向，不仅能表达衬套各段的形状和大小，而且能表达出圆孔的位置，如图3－1－3所示；若以B向作为主视图投影方向，画出主视图只是不同直径的同心圆，如图3－1－4所示，显然不如A向表达得更清楚。

3. 确定零件主视图的表达方案

（1）主视图表达方案的选择，要根据零件的结构特征，合理选择投影方向和所需的视图或剖视图。

如图所示的衬套，如主视图采用投影视图 3-1-3（a），虚线较多；若采用剖视图 3-1-3（b）内部结构表达更清楚。

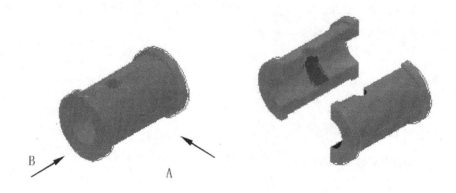

　　B　　　　　　　　　　　　　A

图 3-1-2　衬套主视图投影方向的选择

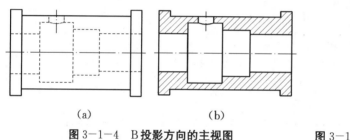

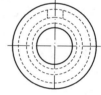

（a）　　　　　　　　　（b）

图 3-1-4　B 投影方向的主视图　　　　图 3-1-3　A 投影方向的主视图

（2）其它视图的选择

主视图确定后，再按完整、清晰地表达零件各部分结构形状和相对位置的要求，针对零件内外结构的具体情况，选择其它必要的视图，表达零件某些方面的结构。视图数量的多少与零件的复杂程度有关，选用时尽量减少视图的个数，减少工作人员的工作量。

如衬套用一个视图和必要的尺寸标注，就可表达完整的零件结构。图 3-1-5 中的凸轮轴止推凸缘用一个视图无法完整地表达零件的形状结构，必须用主视图和俯视图两个视图表达。

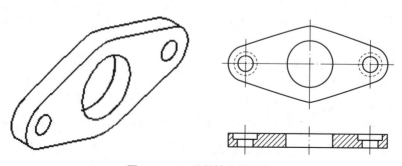

图 3-1-5　凸轮轴止推凸缘

三、剖视图

当零件的内部形状较复杂时，视图上将出现许多虚线、实线交叉重叠，不便于看图和标注尺寸。为了能够清晰地表达零件的内部结构，采用剖视图表达。

（一）剖视图的形成：假想用剖切面剖开机件，将处在观察者与剖切面之间的部分移去，将剩余部分向投影面投影所得的视图称为剖视图。如图 3−1−6 所示，假想用剖切面从零件中间剖切开，移去前面部分，将剩余剖分再向 V 面投影，得到 3−1−6（b）所示的主视图。

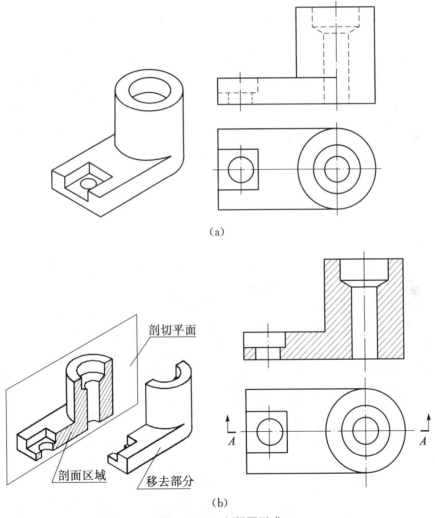

（a）

（b）

图 3−1−6　剖视图形成

1. 剖切面：剖切被表达物体的假想平面
2. 剖面区域：剖切平面与物体相接触的实体部分
3. 剖面符号：为使材料实体部分与空心部分加以区别，应在剖面区域内画出与材料相适应的剖面符号。金属材料的剖面符号一般应画成与主要轮廓或剖切面的对称线成45°且间隔均匀的平行细实线，如图 3−1−7（a）（b）（c）所示。

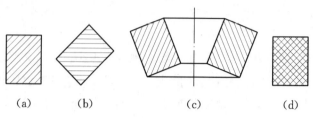

（a）　　　　（b）　　　　（c）　　　　（d）

图 3—1—7　常用的剖面符号

（二）剖视图的种类

按剖切范围的大小，剖视图可分为全剖视图、半剖视图和局部剖视图

1. 全剖视图：用剖切面完全地切开机件所得到的剖视图。主要用于表达外形简单、内形相对复杂的不对称机件。

2. 半剖视图：当机件具有对称平面时，向垂直于对称平面的投影面上投影所得的视图，允许以对称中心线为界，一半画成剖视图，另一半画成视图，这种剖视图称为半剖视图

3. 局部剖视图：用剖切面局部地剖开机件所得的剖视图称为局部剖视图。

（三）剖视图的画法及注意事项：

1. 确定剖切面的位置

剖切位置要适当：剖切面要通过内部结构（孔、槽等）的轴线或对称平面，并平行于选定的投影面。

2. 画剖视图

移开机件的前半部分，将剖切面截切机件所得断面及机件的后半部分可见轮廓向正面投影。如图 3—1—6（b）所示为剖视图。

画剖视图时应注意的事项：

（1）剖视图是假想剖切的，所以其他的相关视图仍保持完整。如图 3—1—6（b）的俯视图。

（2）可见轮廓要画全：剖切面后的可见结构，按投影关系应全部画出。但机件上不存在的轮廓也不可多线。如图 3—1—8 所示。

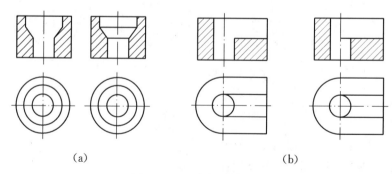

（a）　　　　　　　　　　　　（b）

图 3—1—8　剖视图的画法

（3）虚线可省略：机件上已表达清楚的结构，剖视图中虚线可省略；机件上未表达清楚的结构则需要画出虚线，如图 3—1—9 所示。

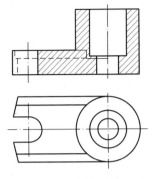

图 3－1－9　剖视图的画法

3. 画剖面符号：

机件上凡剖切面接触到的实体部分要画剖面符号。同一机件的各个剖面区域，其剖面符号的方向和间隔是一致的。如图 3－1－10 所示。

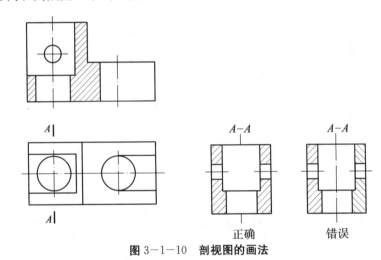

图 3－1－10　剖视图的画法

4. **按规定对剖视图进行标注：**

剖视图的标注包括：剖切面、投影方向、视图名称，如图 3－1－11（a）所示的标注。

（1）剖切面：在剖切面起讫、转折位置和终止位置用剖切符号短粗实线（5～10 mm）"—"表示

（2）投影方向：用箭头指明投射方向，一般箭头与短粗线相互垂直。

（3）字母：在图中短粗线旁注写大写拉丁字母 X，表示剖切位置；在剖视图上方标注"X—X"，表示剖视图名称。

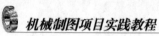
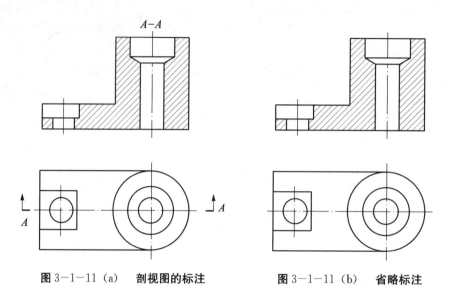

图 3-1-11（a）　**剖视图的标注**　　　　　图 3-1-11（b）　**省略标注**

特殊情况下剖视图可省略部分或全部标注：

（1）省略投影方向的标注：当剖视图按投影关系配置；剖视图与相应视图间没有其它图形隔开时，可省略箭头

（2）省略标注：同时满足以下三个条件时可不标，单一剖切平面，通过机件的对称平面；当剖视图按投影关系配置；剖视图与相应视图间没有其他图形隔开时，可省略标注。如图 3-1-11（b）所示。

任务实施

分析衬套的表达方案，并绘制衬套的轴测草图

1. 表达分析

衬套零件图中主视图选择的依据是加工位置和形状特征原则，主视图采用了全剖表达衬套内部结构。衬套结构较简单，只采用了一个视图表达。

2. 结构分析

运用形体分析法和面形分析法读懂零件各部分结构的形状和位置关系

一般步骤：先看主要部分，后看次要部；先看整体，后看细节；先看外形，后看内部

先看简单部分，后看复杂部分。

衬套由左右两段圆柱组成→内圆→倒角、退刀槽→孔

3. 想象零件的整体结构形状如图 3-1-12 所示。

图 3-1-12　**衬套结构分析**

知识拓展

一、绘制图 3—1—13（a）所示轴套的全剖视图

实施步骤：

1．分析零件结构，确定表达方案：轴套上有油孔，中间有凹腔，腔内有圆角，腔内有倒角，用一全剖视图即可表达清楚其结构；

2．绘制草图，拟定作图过程；

3．确定绘图比例，绘制套筒零件图底稿：

（1）画出主视图的轴线、基准线；

（2）画全剖的主视图：

画外形的可见轮廓线→画内部的可见轮廓线→画剖面线；

4．校核底稿；

5．描深加粗，如图 3—1—13（b）所示。

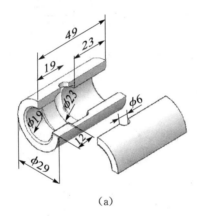

（a）

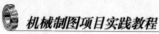

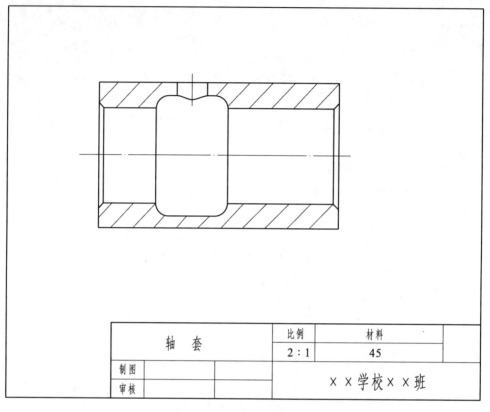

轴 套	比例	材料	
	2：1	45	
制图		××学校××班	
审核			

(b)

图 3－1－13　轴套全剖视图

任务 2　识读衬套尺寸

布置任务

　　零件的视图只能表达零件的结构形状，而零件的真实大小及零件各部分结构的相对位置，是通过零件图中的尺寸来表达的。通过识读零件图上的尺寸标注，可以准确、完整、清晰地获取零件的各部分的大小、相对位置关系等加工工艺信息。所以能否正确识读零件图上的尺寸标注是实现零件加工的保证。本任务是学习零件尺寸及尺寸公差的标注方法并能够理解衬套零件图 3－1－1 所示尺寸标注的含义。

相关知识

一、零件图的尺寸标注

零件图所标注的尺寸应包括定形尺寸、定位尺寸和总体尺寸。

零件图尺寸标注的要求：正确、完整、清晰和合理。前三个要求在模块一中学习。

本任务介绍尺寸合理性，如何做到合理，除了遵循一些原则，还需结合实际。

（一）尺寸标注的一般原则

1. 合理选择尺寸基准

任何零件都有长、宽、高三个方向的尺寸，每个方向至少要选择一个尺寸基准。常用基准有：零件上回转体的轴线、零件的对称中心面、重要支承面、装配面、主要加工面及两零件重要结合面。如图 3-1-14 所示。

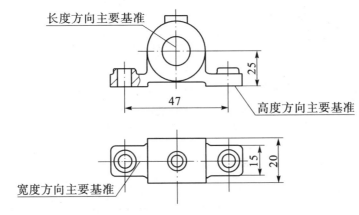

图 3-1-14 尺寸基准选择

注意：轴类、套类及盘盖类等由若干个回转体组成的零件，一般有两个尺寸基准：径向基准和轴向基准。

2. 重要尺寸直接标出

重要尺寸是指影响零件的使用性能和安装精度的尺寸。如图 3-1-15 所示轴承座的中心高 15 是重要的尺寸应直接从高度方向的主要基准标出。

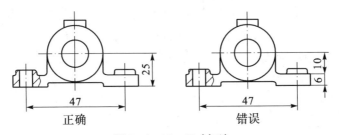

图 3-1-15 尺寸标注

3. 不允许出现封闭尺寸链

按同一方向一次连接起来成排的尺寸标注形式称为尺寸链。如图 3-1-16 所示高度方向尺寸 15、6、10 首尾相连，构成封闭尺寸链，因加工时尺寸的误差是不可避免的，不可能达到每一段尺寸都能满足要求，所以这种情况应避免，必须留出开口环。

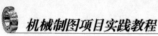
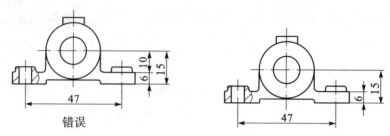

图 3-1-16　尺寸标注

4. 尺寸标注便于加工与测量

标注尺寸时，应考虑零件在加工、检验时测量方便和可行性，尽量做到通用量具就可以进行直接测量。如图 3-1-17（a）中所示两处 6、28 可直接测量。

5. 尺寸标注符合加工顺序

零件上同一方向各表面的加工是有一定的先后顺序的，在标注尺寸时应尽量与顺序一致，如图 3-1-17（b）所示。

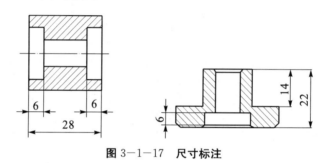

图 3-1-17　尺寸标注

（二）常见工艺结构的尺寸标注

1. 倒角和倒圆

为了便于装配和操作安全，通常在轴及孔端部，加工成圆台状的倒角；为避免应力集中而产生裂纹，轴肩根部一般加工成圆角过渡。其画法及标注方法如图 3-1-18 所示。图（a）中 C2 表示轴向尺寸为 2，倒角为 45°；图（c）2×45°表示轴向尺寸为 2，倒角为 45°。

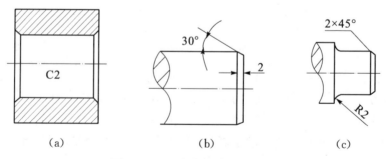

（a）　　　　　　　　（b）　　　　　　　　（c）

图 3-1-18　倒角、倒圆的标注

2. 退刀槽和砂轮越程槽

为了便于退刀和零件轴向定位，常在轴肩处、孔的台阶处先加工出退刀槽和砂轮越程槽，其结构及尺寸标注形式如图 3-1-19 所示一般可按"槽宽×直径"和"槽宽×槽

深"的形式标注。图 a 中 3×φ8 表示槽宽 3 直径 8 图 b 中 3×2 表示槽宽 3 槽深 2

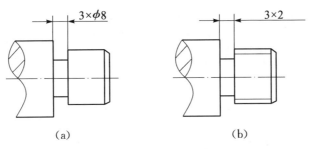

$$3×\phi8 \quad\quad 3×2$$

（a）　　　　　　　　　（b）

图 3—1—19　0 退刀槽、越程槽的标注

3. 铸造圆角

铸件表面相交处应有圆角，以免铸件冷却时产生缩孔或裂纹，同时防止脱模时砂型落砂。一般铸造圆角为 R3～R5。对非加工表面的圆角应画出，其圆角尺寸可在技术要求中写出。

二、零件图的尺寸公差

为保证零件的使用功能及互换性，必须对零件的一些重要的尺寸规定一个合理的变动范围即尺寸公差。所以零件图除了要标注 尺寸大小还要标注尺寸的公差，如图 3—1—1 衬套零件图中 $\varnothing 24_0^{+0.033}$ 是指加工后衬套的内孔直径在 24～24.033 mm 之间。

（一）基本概念

1. 基本尺寸、实际尺寸与极限尺寸

基本尺寸：设计时给定的尺寸 。如 $\varnothing 24_0^{+0.033}$ 其基本尺寸为 24 mm。

实际尺寸：零件完成加工后实际测得的尺寸。

极限尺寸：允许零件尺寸变化的两个界限值。

零件合格的条件：最大极限尺寸≥实际尺寸≥最小极限尺寸

2. 尺寸偏差和尺寸公差

上偏差：最大极限尺寸减去基本尺寸的代数差

下偏差：最小极限尺寸减去基本尺寸的代数差

尺寸公差（简称公差）：允许实际尺寸的变动量

公差＝最大极限尺寸－最小极限尺寸＝上偏差－下偏差

3. 公差带：以基本尺寸为零线，由代表上偏差和下偏差，或最大极限尺寸和最小极限尺寸的两条直线所限定的区域，称为公差带。如图 3—1—20 所示为衬套内孔尺寸 $\varnothing 24_0^{+0.033}$ 的公差带图。

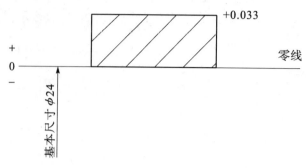

图 3—1—20　**公差带**

4. 标准公差和基本偏差

（1）标准公差：国家标准表列出的，用以确定公差带大小的任一公差称为标准公差。标准公差值可见附表 16，它的数值由基本尺寸和公差等级确定。

标准公差的代号用 IT 表示 共 20 个等级：IT01、IT0、IT1～IT18 等级数越大，公差值越大，精度越低。

（2）基本偏差：确定公差带相对于零线位置的那个极限偏差称为基本偏差。指靠近零线的那个偏差，可以是上偏差或下偏差，一般是指绝对值较小的那个。

如图 3—1—1 所示衬套中 $\varnothing 40^{-0.009}_{-0.025}$ 的基本偏差为上偏差—0.009；内孔 $\varnothing 24^{+0.033}_{0}$ 的基本偏差为下偏差 0。

孔和轴分别规定了 28 个基本偏差，其代号用拉丁字母表示，大写字母表示孔的基本偏差，小写字母表示轴的基本偏差。

5. 公差带代号：由基本偏差代号与公差等级组成公差带代号。

$\varnothing 30H8$、$\varnothing 30f7$ 的上、下偏差的值可查附表 17 和附表 18，

例：$\varnothing 30H8$ 查表得上偏差为+0.033 ，下偏差为 0

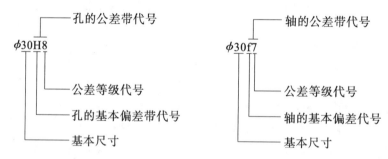

（二）尺寸公差在零件图上标注形式

（1）在孔或轴的基本尺寸后面，标注出公差带代号，用同号字体书写，如图 3—1—21（a）所示。

（2）在孔或轴的基本尺寸后面，标注上、下偏差值。上偏差注在基本尺寸的右上方，下偏差注在与基本尺寸的同一底线上。偏差值字体比尺寸数字小一号，如图 3—1—21（b）所示。

（3）在孔或轴的基本尺寸后面，既标注公差带代号，又同时标注上、下偏差值，

如图 3—1—21 (c) 所示。

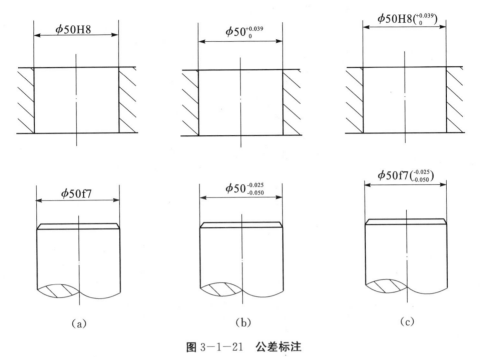

图 3—1—21　公差标注

任务实施

识读衬套零件图尺寸标注

(1) 找出零件的尺寸基准：衬套的径向尺寸基准为轴线；轴向尺寸基准为右端面；

(2) 了解零件各部分定形尺寸、定位尺寸和总体尺寸：衬套定形尺寸有外圆柱直径 $\varnothing 40^{-0.009}_{-0.025}$ 和 $\varnothing 32^{+0.0238}_{+0.015}$；内孔径为 $\varnothing 24^{+0.033}_{0}$；

小孔直径 φ8；倒角 C1；退刀槽 2×0.5，定位尺寸有确定小孔位置的 9±0.2。

(3) 分析重要尺寸及公差要求

重要尺寸有 9±0.2、$\varnothing 32^{+0.0238}_{+0.015}$、$\varnothing 24^{+0.033}_{0}$、$\varnothing 40^{-0.009}_{-0.025}$；

例如：$\varnothing 32^{+0.0238}_{+0.015}$ 基本尺寸为 32 mm，上偏差为 +0.0238、下偏差为 +0.0150，公差为 0.0088，查表得基本偏差为 n 公差等级 6 级。

知识拓展

1. 根据要求对套筒零件图按标注上、下偏差值方式标注尺寸。

内孔 φ19 的公差带代号 H6；外圆 φ29 的公差带代号 f7；其余不标尺寸公差。

标注尺寸步骤：

(1) 确定各个方向的尺寸基准；

(2) 标注各定位尺寸，重要尺寸直接标出；

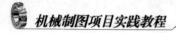

（3）标注各定形尺寸，如图 3-1-22 所示；

（4）标注总体尺寸，注意不要出现封闭尺寸链。

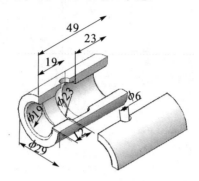

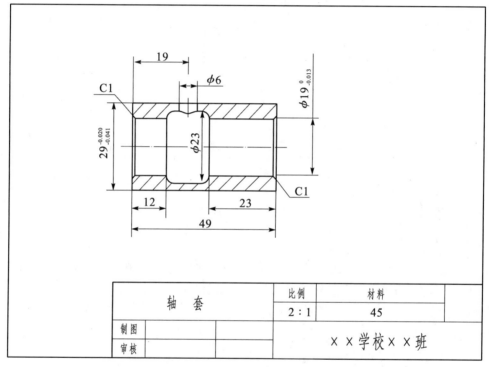

轴　套	比例	材料	
	2：1	45	
制图		××学校××班	
审核			

图 3-1-22

任务 3　识读衬套的技术要求

布置任务

　　为了保证零件的使用性能，除了有尺寸精度要求外，还需在零件图上注写相关的技术要求，如表面粗糙度、几何公差及热处理等。本任务要求学会分析零件图中的技术要求和如何在零件图标注相关的技术要求。

相关知识

一、表面结构表示方法

（一）基本概念

1. 表面结构的概念：指零件表面的几何形貌。它是表面粗糙度、表面波纹度、表面纹理、表面缺陷的总称。本任务只介绍我国目前应用最广的表面粗糙度表示法

2. 表面结构的图形符号：标注表面结构的图形符号种类、名称、尺寸及其含义见表 3－1。

表 3－1　表面结构的符号及含义

符号	意义	含义及说明
基本图形符号	2h，h，60°，60°　h 为字高	未指定工艺方法的表，当作为注解时可单独使用，没有补充说明时不能单独使用
扩展图形符号		在基本符号上加一短横，表示指定表面是用去除材料的方法获得
		表示指定表面是用不去除材料的方获得，也可用于表示保持上道工序形成的表面
完整图形符号		用于对表面结构有补充要求的标注。左、中、右符号分别用于"允许任何工艺"、"去除材料"、"不去除材料"方法获得的表面的标注
工件轮廓各表面的图形符号		当在图样某个视图上构成封闭轮廓的各表面有相同的表面结构要求时，应在完整符号上加一圆圈，标注在图样中工件的封闭轮廓线上。

3. 表面粗糙度的评定参数及数值

表面粗糙度是指加工后零件表面上具有的较小间距和峰谷所组成的微观不平度。

表面粗糙度常用轮廓算术平均偏差 Ra、轮廓最大高度 Rz 来评定，Ra 参数被推荐优先选用。Ra 值越小，表面质量要求越高，加工成本也越高。常用的 Ra 值为：25、12.5、6.3、3.2、1.6、0.8 等。

（二）表面结构在图样中的注法

1. 表面结构要求可直接标注在轮廓或其延长线上，其符号应从材料外指向并接触表面。必要时，表面结构符号也可以用带箭头或黑点的指引线引出标注。在不致引起误解时，表面结构要求可以标注在给出的尺寸线上或形位公差的框格的上方。

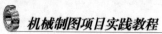

2. 每一表面一般只标注，并尽可能注在相应的尺寸及其公差的同一视图上。除非另有说明，所注的表面结构要求是对完工零件表面的要求。如图 3-1-23 所示。

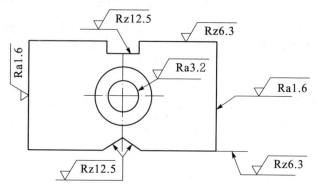

图 3-1-23　**表面结构标注要求**

3. 如果在工件的多数（包括全部）表面有相同的表面结构要求时，可将其统一标注在图样的标题栏附近，此时（除全部表面有相同要求的情况）表面结构要求的符号后面应有：

————在圆括号内给出无任何其他标注的基本符号，如图 3-1-24（a）所示；

————在圆括号内给出不同的表面结构要求，如图 3-1-24（b）所示；

———— 不同的表面结构要求应直接标注在图形上，如图 3-1-24 所示。

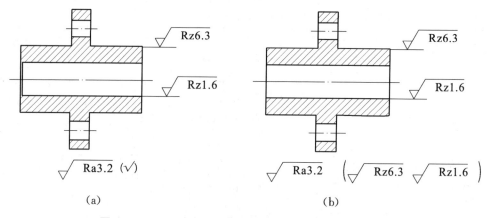

（a）　　　　　　　　　　　　　　　　　　（b）

图 3-1-24　**大多数表面有相同表面结构要求的简化注法**

4. 多个表面有共同要求的注法：当多个表面具有相同的表面结构要求或空间有限时，可按图进行简化标注。

（1）用带字母的完整符号的简化注法：如图 3-1-24（c）所示，可用带字母的完整符号，以等式在图形或标题栏附近，对有相同表面结构要求的表面进行简化标注。

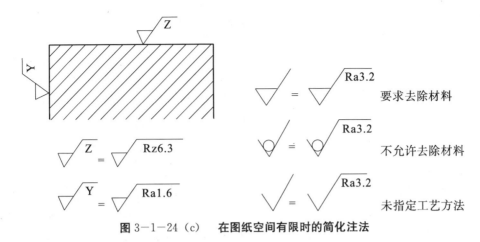

要求去除材料

不允许去除材料

未指定工艺方法

图 3-1-24（c）　在图纸空间有限时的简化注法

（2）只用表面结构符号的简化注法：如图 3-1-24 所示可用基本符号、扩展符号，以等式的形式给出对多个表面共同的表面结构要求。

三、几何公差

零件在加工过程中，不仅会产生尺寸误差，也会出现几何误差。如图 3-1-25 所示轴的直径的大小符合尺寸要求，但可能出现轴线弯曲等情况，这也是不合格产品。所以零件不仅有表面粗糙度、尺寸公差的要求，而且还要对形状和位置的误差加以限制。对形状和位置误差的控制是通过形状和位置公差来实现的。形状和位置公差称为几何公差。

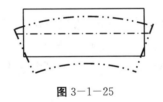

图 3-1-25

1. 几何公差代号

在图样中，形位公差应以框格的形式进行标注，其标注内容及框格等的绘制规定如图 3-1-26 所示。

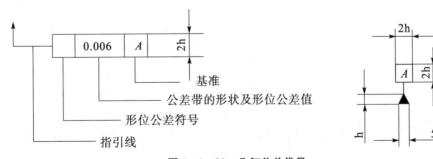

图 3-1-26　几何公差代号

2. 几何公差特征符号　如表 3-2 所示。

3. 被测要素的标注

用带箭头的指引线将框格与被测要素相连，按以下方式标注：

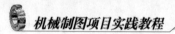

表 3-2　几何公差特征符号

分类	项目	符号	项目	符号	
形状公差	直线度	—	方向公差	平行度	//
	平面度	▱		垂直度	⊥
	圆度	○		倾斜度	∠
	圆柱度	⌀	位置公差	位置公差	同轴度	◎
形状或位置	线轮廓度	⌒		对称度	=
				位置度	⊕
	面轮廓度	⌓	跳动公差	圆跳动	↗
				全跳动	↗↗

（1）当公差涉及轮廓线或表面时，将箭头置于要素的轮廓的轮廓线或轮廓线的延长线上（但必须与尺寸线明显地分开），如图 3-1-27（a）所示。

（2）当指向实际表面时，箭头可置于带点的参考线上，该点指向实际表面，如图 3-1-27（c）所示。

（3）当公差涉及轴线、中心平面或由带尺寸要素确定的点时，则带箭头的指引线应与尺寸线的延长线重合，如图 3-1-27（b）所示。

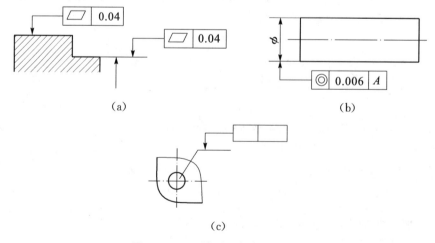

图 3-1-27　被测要素的图样标注

4．基准的标注

（1）当基准要素是轮廓线或表面时，基准字母的短横线应置放在要素的外轮廓线上或它的延长线上，并与尺寸线明显错开，如图 3－1－28（a）所示。

（2）当基准要素是轴线、中心平面或由带尺寸的要素确定的点时，则基准符号中的线与尺寸线对齐。如尺寸线处安排不下两个箭头，则另一箭头可用短横线代替，如图 3－1－28（b）所示。

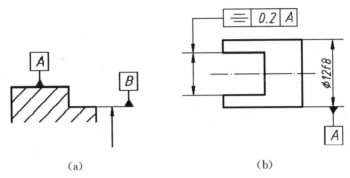

(a)　　　　　　　　(b)

图 3－1－28　基准要素的图样标注

四、实例分析：识读图 3－1－29 几何公差的含义．

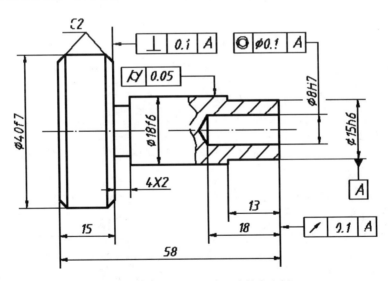

图 3－1－29　几何公差标注综合实例

表示圆柱面 φ18f6 的圆柱度公差值 0.01 mm。即被测要素 φ18f6 圆柱面；测量项目：圆柱度。

表示轴 φ40f7 的右端面对轴 φ15h6 的轴线的垂直度公差值为 0.1 mm。即被测要素：轴 φ40f7 的右端面；基准要素：轴 φ15h6 的轴线；测量项目：垂直度。

任务实施

识读衬套零件图的表面粗糙度和几何公差。

（1）分析表面粗糙度

衬套表面质量要求最高是内孔表面 Ra 为 0.8μ，其次是外圆。$\varnothing 32_{+0.015}^{+0.0238}$ Ra 为 $1.6\mu m$，

图中除了已标注表面粗糙度参数值外，其余各表面都是表面 $6.3\mu m$。

（2）识读几何公差

表示 $\varnothing 32_{+0.015}^{+0.0238}$ 圆柱表面对孔、$\varnothing 24_{0}^{+0.033}$ 的轴线圆跳动度公差值为 0.05。

知识拓展

根据要求对轴套零件图的技术要求进行标注：其中：孔 $\varphi 19$ 的表面粗糙度 Ra 为 $0.8\mu m$，

左右端面表面粗糙度 Ra 为 $1.6\mu m$，

其余表面的表面粗糙度 Ra 为 $3.2\mu m$，

$\varphi 29$ 圆柱对孔 $\varphi 19$ 的同轴度为 0.01，

$\varphi 29$ 圆柱表面圆柱度公差为 0.02。如图 3-1-30 所示

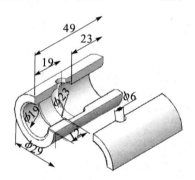

图 3-1-30 **轴套零件图**

项目一 评价

一、个人评价

评价项目	项目内容	掌握程度		
		了解（5分）	掌握（7分）	应用（10分）
零件图的内容				
零件图表达方案选择方法				
零件图中尺寸标注的要求				
零件图中技术要求的内容				

续表

评价项目	项目内容	掌握程度		
		了解（5分）	掌握（7分）	应用（10分）
表面结构中粗糙度的标注要求				
几何公差的标注要求				
尺寸公差标注要求				
套类零件图的特征				

二、小组评价：

三、教师评价：

项目二　识读并绘制齿轮轴零件图

项目描述

　　如图3-2-1所示的齿轮油泵是机床供油系统中的一个部件，它是由泵体、左、右泵盖、主动齿轮轴、从动齿轮轴、螺钉、螺母等装配起来的。

　　齿轮泵的主动齿轮轴一端伸出壳外由原动机驱动，通过齿轮啮合带动另一个齿轮轴相互滚动，将油箱内的低压油升至能做功的高压油。主动齿轮轴是该部件的主要零件，属于轴类零件。

　　本项目通过绘制主动齿轮轴的零件图学习半剖视图和局部剖视图的画法、断面图画法、螺纹的规定画法及标注、齿轮的表达方法；了解轴类零件图的表达特点。

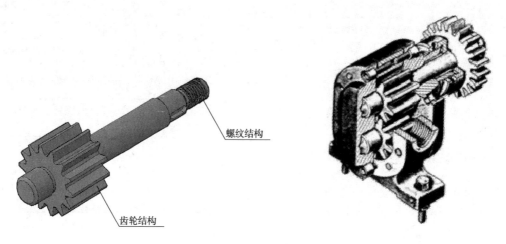

<h2>任务 1　绘制螺栓视图</h2>

布置任务

　　齿轮轴是在轴上加工出齿轮使之成为一整体的轴类零件，该零件最右端加工有螺纹结构。螺纹结构是零件中用来紧固零件或传递运动、动力的的常用结构。如齿轮泵中螺钉、螺母、螺栓等标准件有螺纹结构。本任务是通过绘制螺栓、螺母的视图，掌握螺纹的画法和标注。

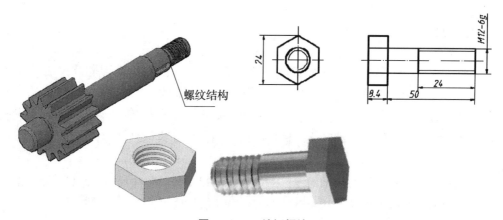

图 3-2-1　认识螺纹

相关知识

<h3>一、认识螺纹</h3>

　　螺纹是指在圆柱或圆锥表面上，沿着螺旋线所形成的具有规定牙型的连续凸起和沟槽。螺纹凸起部分一般称为"牙"；螺纹凸起部分的顶部称为牙顶，螺纹沟槽部分称为

牙底。是机械零件上常用一种结构。在圆柱或圆锥体外表面上所形成的螺纹称为外螺纹，如螺栓；在圆柱或圆锥孔内表面形成的螺纹称为内螺纹，如螺母；如图 3-2-1 所示。

螺纹的基本要素

1. 牙型：牙型是指在通过螺纹轴线剖开的断面图上螺纹的轮廓形状。常用的牙型有三角形、梯形、锯齿形等如图 3-2-2 所示。不同种类的螺纹牙型有不同的用途。

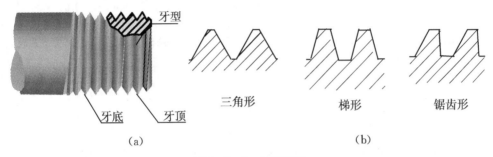

三角形　　梯形　　锯齿形

(a)　　　　　　　　　　　(b)

图 3-2-2 **螺纹牙型**

2. 直径：如图 3-2-3 所示，螺纹直径分为大径、小径和中径。

（1）大径：与外螺纹的牙顶或内螺纹牙底相重合的假想圆柱面的直径称为大径。内、外螺纹的大径分别用 D、d 表示。

（2）小径：与外螺纹牙底与内螺纹牙顶相重合的假想圆柱的直径称为螺纹小径。内、外螺纹的小径分别用 D_1、d_1 表示。

（3）中径：它是一个假想圆柱的直径，即在大径和小径之间，其母线通过牙型上的沟槽和凸起宽度相等的假想圆柱面的直径称为中径。内、外螺纹的中径分别用 D_2、d_2 表示。

除管螺纹外，通常所说的螺纹公称直径是指螺纹大径。

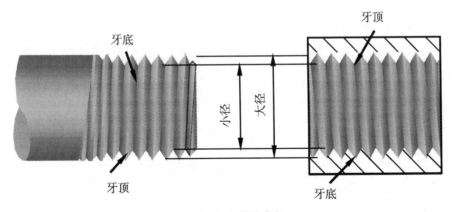

图 3-2-3 **螺纹直径**

3. 线数：螺纹有单线和多线之分。沿一根螺旋线形成的螺纹称单线螺纹；沿两根以上螺旋线形成的螺纹称多线螺纹。连接螺纹大多为单线。螺纹的线数用 n 表示。

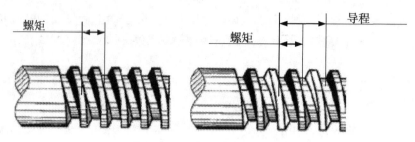

图 3−2−4　螺纹的线数、螺距

4. 螺距及导程：相邻两牙在中径线上对应两点间的轴向距离称为螺距，螺距用字母 P 表示；同一螺旋线上的相邻两牙在中径线上对应两点间的轴向距离称为导程，导程用字母 Ph 表示；

$Ph = P \times n$，如图 3−2−4 所示。

5. 旋向：螺纹有右旋和左旋两种。

内外螺纹旋合时；顺时针旋入的为右旋，逆时针旋入的为左旋，如图 3−2−5 所示。

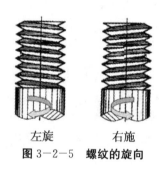

左旋　　　右施

图 3−2−5　螺纹的旋向

注意：只有牙型、直径、螺矩、线数和旋向均相同的内外螺纹，才能相互旋合。

二、螺纹的规定画法

1. 螺纹牙顶线（圆）用粗实线表示，牙底线（圆）用细实线表示。在平行轴线的视图中牙底细实线应画到倒角或倒圆部分。在表示投影为圆的视图上，表示牙底的细实线圆只画约 3/4 圈，倒角圆不画。如图 3−2−6 所示。

螺纹终止线用粗实线表示，外螺纹终止线的画法如图 3−2−6（a）所示，内螺纹终止线的画法如图 3−2−6（b）所示。

不可见螺纹的所有图线用细虚线绘制，如图 3−2−6（b）所示。

2. 小径近似画成大径的 0.85 倍

3. 螺尾部分一般不必画出。当需要表示螺纹收尾时，螺尾部分的牙底线与轴线成 30°的细实线画出。

4. 不论是内螺纹还是外螺纹，其剖视图或断面图上的剖面线都必须画到粗实线。

5. 绘制不通的螺孔时，一般应将钻孔深度与螺纹部分的深度分别画出，如图 3−2−6（c）所示。

110

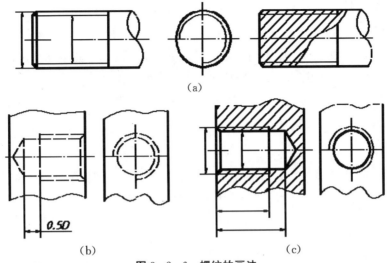

(a)

(b)　　　　　　　　　　　(c)

图 3-2-6　螺纹的画法

5. 内外螺纹连接画法

用剖视图表示螺纹连接时，旋合部分按外螺纹的画法绘制，未旋合部分按各自原有的画法绘制。画图时必须注意：表示内、外螺纹大径的细实线和粗实线，以及表示内、外螺纹小径的粗实线和细实线应分别对齐；在剖切平面通过螺纹轴线的剖视图中，实心螺杆按不剖绘制。如图 3-2-7 所示。

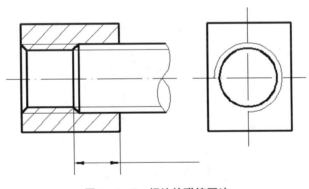

图 3-2-7　螺纹的联接画法

三、螺纹的标注方法

螺纹采用规定画法后，在图上看不出它的牙型、螺距、线数和旋向等结构要素，需要用标记加以说明。国家标准对螺纹的标记及标注的方法，作出相应的规定。

1. 米制螺纹（普通螺纹、梯形螺纹、锯齿形螺纹）的标注

（1）标记格式：

| 螺距（单线） |

| 螺纹特征代号 | | 公称直径 | × | 或 | | 旋向 | − | 公差带代号 | − | 旋合长度代号 |

| 导程/P　螺距（多线） |

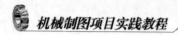

螺纹特征代号：普通螺纹 M；梯形螺纹 Tr；锯齿形螺纹 B。

注意：1. 普通螺纹有粗牙和细牙之分，粗牙螺纹的螺距可省略不注；公差带代号标中径和顶径公差带代号，但它们相同时，只标一次；右旋螺纹省略不注，左旋螺纹标注 LH；旋合长度为中型时不标，长型用 L 表示，短型用 S 表示

2. 梯形螺纹、锯齿形螺纹公差带代号只标中径公差带代号；右旋螺纹省略不注，左旋螺纹标注 LH；一般不标旋合长度。

标记示例：

M20×2LH-6H 含义为：普通螺纹，公称直径为 20 mm；细牙，螺距为 2mm；中径公差带和顶径公差带代号都为 6H；中等旋合长度，左旋。

Tr40×14(P7)-7e 含义为：梯形螺纹，公称直径为 40 mm；螺距为 7 mm；双线，中径公差带代号为 6e；右旋。

B32×5LH-7A 含义为：锯齿形螺纹，公称直径为 32 mm；螺距为 1 mm；单线，中径公差带代号为 7A；左旋。

（2）标注方法

螺纹标记注在大径的尺寸线上或其引出线上

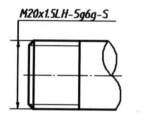 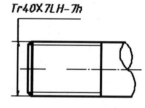

图 3-2-8　螺纹的标注

2. 管螺纹的标记

螺纹密封管螺纹：┃特征代号┃　┃尺寸代号┃-┃旋向代号┃

特征代号有三种：R-圆锥外螺纹　Rc-圆锥内螺纹　Rp-圆柱内螺纹

例如：Rc3/4-LH 含义为：螺纹密封圆锥内管螺纹，尺寸代号 3/4，左旋。

非螺纹密封管螺纹：┃特征代号┃┃尺寸代号┃┃公差等级┃-┃旋向代号┃

特征代号为 G

例如：G3/8A-LH 含义为：非螺纹密封外管螺纹，尺寸代号 3/8，公差代号 A，左旋。

60°管螺纹：┃特征代号┃　┃尺寸代号┃-┃旋向代号┃

特征代号为 NPT

例如：NPT1/2 含义为：60°螺纹密封圆锥管螺纹，尺寸代号，右旋。

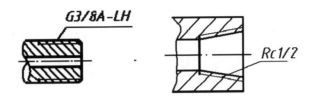

图 3-2-9 **螺纹的标注（二）**

1. 管螺纹的尺寸代号不是螺纹的大径，而是管子孔径的近似值，单位为英寸；左旋标 LH，右旋不标。

2. 螺纹密封管螺纹代号有三种：圆锥外螺纹为 R；圆锥内螺纹为 Rc；圆柱内螺纹为为 Rp。

3. 非螺纹密封管螺纹代号为 G，其内螺纹只有一个公差等级，不必标出。

4. 60°管螺纹代号有二种：60°圆锥内、外螺纹为 NPT；60°圆柱内螺纹为 NPSC。

任务实施

绘制螺栓 M12×50 GB/T5782-2000 ，螺母 M12 GB/T6170-2000 的视图并标注尺寸（螺栓、螺母均已标准化，其型式、结构和尺寸可从有关标准中查得）。

实施步骤：

1. 查表或用比例画法确定相关尺寸；

2. 形体分析，确定表达方案；

3. 布图，画作图基准线、轴线，中心线；

4. 按规定画螺栓、螺母的视图；

5. 标注尺寸；

6. 校核并加粗，如图 3-2-10 所示。

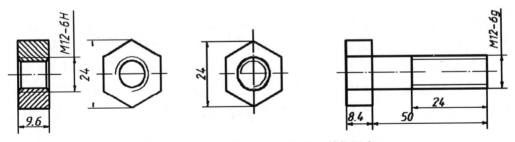

图 3-2-10　**螺栓、螺母的视图（简化画法）**

知识拓展

螺纹孔的表示方法

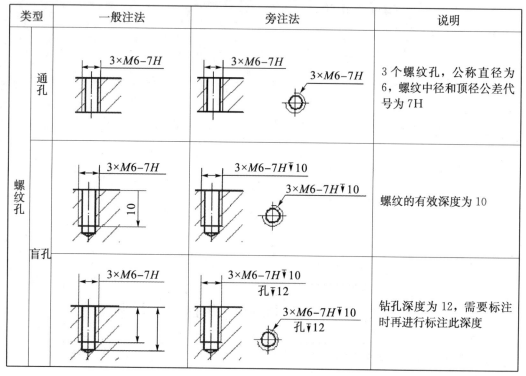

类型		一般注法	旁注法	说明
螺纹孔	通孔	$3\times M6\text{-}7H$	$3\times M6\text{-}7H$ $3\times M6\text{-}7H$	3个螺纹孔,公称直径为6,螺纹中径和顶径公差代号为7H
	盲孔	$3\times M6\text{-}7H$ 10	$3\times M6\text{-}7H\downarrow 10$ $3\times M6\text{-}7H\downarrow 10$	螺纹的有效深度为10
		$3\times M6\text{-}7H$	$3\times M6\text{-}7H\downarrow 10$ 孔$\downarrow 12$ $3\times M6\text{-}7H\downarrow 10$ 孔$\downarrow 12$	钻孔深度为12,需要标注时再进行标注此深度

任务2　绘制直齿圆柱齿轮图

布置任务

　　齿轮轴是在轴上加工出齿轮使之成为一整体的轴类零件。齿轮传动是机械传动中应用最广的一种传动方式,齿轮不仅可以传递动力,而且还能用来改变轴的转速和旋转方向。例如在图3-2-1所示的齿轮泵中,就是依靠一对齿轮的啮合来实现吸油和输油的。常见的齿轮传动方式有:圆柱齿轮(用于平行两轴间的传动)、圆锥齿轮(用于相交两轴间的传动)、蜗杆蜗轮(用于交叉两轴间的传动),其中最常用的直齿圆柱齿轮传动。

　　如图3-2-11所示为直齿圆柱齿轮,主要是由轮缘、轮齿、轮毂等部分构成。齿轮是常用件,不用完全按照投影规律绘制其视图,而是采用相应的规定画法予以简化。

　　本任务学习直齿圆柱齿轮的尺寸关系和规定画法。

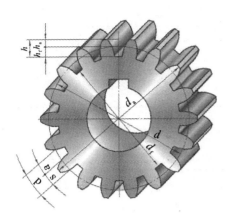

图 3-2-11　直齿圆柱齿轮

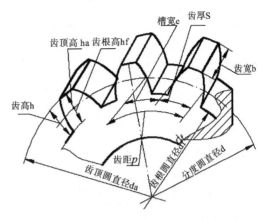

图 3-2-12　直齿圆柱齿轮各部分的名称及代号

相关知识

一、直齿圆柱齿轮各部分的名称及代号

1. 齿顶圆：过所有轮齿顶部所作的圆称为齿顶圆，其直径代号为 d_a；

2. 齿根圆：过轮齿根部所作的圆称为齿根圆，其直径代号为 d_f；

3. 分度圆：标准情况下，齿槽宽 w 与齿厚 s 的弧长相等处所作的圆。其直径代号为 d；

4. 齿高 h：齿顶圆和齿根圆之间的径向距离，用 h 表示；齿顶圆和分度圆之间的径向距离为齿顶高，用 h_a 表示；分度圆与齿根圆之间的径向距离为齿根高，用 h_f 表示；

5. 齿距 p：在分度圆上，相邻两齿对应齿廓之间的弧长。

二、主要参数和计算公式

1. 齿数 Z：轮齿的数量。

2. 模数 m：它是齿轮设计、制造的一个重要参数。是由强度计算并参照标准（见表 3-3）选定的。

3. 压力角 α：标准齿轮的压力角 α＝20°。

表 3-3　渐开线圆柱齿轮模数（GB1357-1987）　　　　　　　　　　mm

第一系列	1　1.25　2　2.5　3　4　5　6　8　10　12　16　20　25　32　40
第二系列	1.75　2.25　2.75　（3.25）　3.5　（3.75）　4.5　5.5　（6.5）　7　9　（11）　14　18　22

标准直齿圆柱齿轮的几何尺寸计算公式见表 3-4

表3-4 直齿圆柱齿轮各部分的尺寸计算

基本参数：模数 m 齿数 z			已知：$m=2$ mm，$z=29$
名称	代号	计算公式	计算举例
分度圆直径	d	$d=mz$	$d=2\times29=58$ mm
齿顶圆直径	da	$da=m(z+2)$	$da=2\times(29+2)=62$ mm
齿根圆直径	df	$df=m(z-2.5)$	$df=2\times(29-2.5)=53$ mm
中心距	a	$a=m(z1+z2)/2$	

三、单个圆柱齿轮的规定画法

1. 单个齿轮一般用两个视图（图3-2-13），或者用一个主视图和一个全剖的左视图表示。有时用一个全剖的主视和一个局部视图来表示。

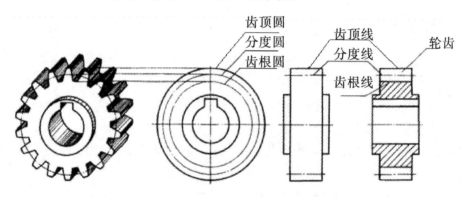

图3-2-13 单个圆柱齿轮的画法

2. 齿顶圆和齿顶线用粗实线绘制；分度圆和分度线用细点划线绘制；齿根圆和齿根线用细实线绘制，也可省略不画。

3. 在剖视图中，当剖切平面通过齿轮的轴线时，轮齿一律按不剖绘制。齿根线用粗实线绘制。

四、两圆柱齿轮啮合的画法

1. 一对齿轮的啮合图，一般可以采用两个视图表达，在垂直于圆柱齿轮轴线的投影面的视图中（反映为圆的视图），啮合区内的齿顶圆均用粗实线绘制，分度圆相切，如图3-2-14（a）所示；也可用省略画法。如图3-2-14（b）所示。

2. 在平行于圆柱齿轮轴线的投影面的视图中（不反映圆的视图），啮合区的齿顶线不需画出，分度线用粗实线绘制，如图3-2-14（b）所示。

3. 采用剖视图表达时，在啮合区内将一个齿轮的齿顶线用粗实线绘制，另一个齿轮的轮齿被遮挡，其齿顶线用虚线绘，如图3-2-14（a）所示。

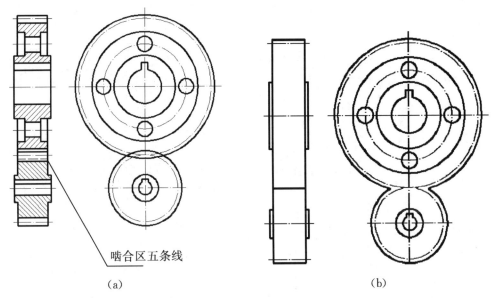

啮合区五条线

(a)   (b)

图 3—2—14   圆柱齿轮啮合的画法

任务实施

直齿轮圆柱齿轮的参数为：模数 2.1 mm，齿数为 18，齿坯宽度尺寸为 16 mm，轴孔直径 $\varphi18$，键槽宽为 6 mm，深为 2.8 mm。

实施步骤：

1. 计算相关尺寸：$d=mz=2.5\times18=45$；$d_a=m(z+2)=2.5\times(18+2)=50$；

$d_f=2.5\times(18-2.5)=38.75$

2. 形体分析，确定表达方案；绘制草图。

3. 选择图幅；绘制标题栏和参数表。

4. 绘制视图：绘制中心线，绘制端面视图（左视图），利用投影关系绘制全剖主视图。

5. 标注尺寸和技术要求，如图 3—2—15 所示。

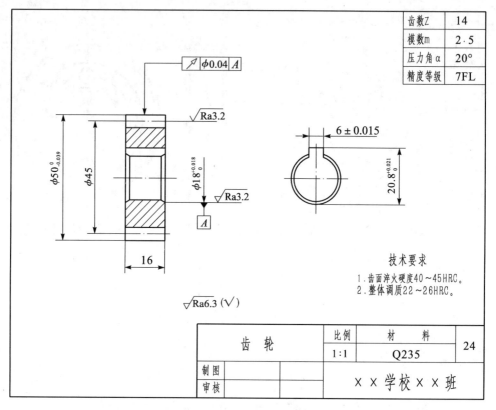

齿数Z	14
模数m	2.5
压力角α	20°
精度等级	7FL

$\phi 50_{-0.039}^{0}$　$\phi 45$　$\phi 18_{0}^{+0.018}$

6 ± 0.015

$20.8_{0}^{+0.021}$

16

$\sqrt{Ra3.2}$　$\sqrt{Ra3.2}$

$\boxed{A}$

$\boxed{\nearrow \phi 0.04 \mid A}$

$\sqrt{Ra6.3} (\sqrt{\ })$

技术要求
1. 齿面淬火硬度40～45HRC。
2. 整体调质22～26HRC。

齿　轮	比例	材　　料	24
	1:1	Q235	
制图		××学校××班	
审核			

图3-2-15　直齿圆柱齿轮零件图

知识拓展

直齿圆柱齿轮测绘步骤：（如图3-2-16所示）

1. 数出齿数 Z
2. 测得齿顶圆直径 da。

当齿数为偶数时，可直接用游标卡尺测出；如为奇数，则应先测出孔径 D 及孔壁到齿顶间的径向距离 H，然后由 da＝D＋2H 算出。

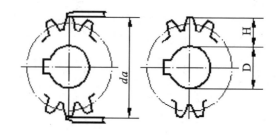

图3-2-16　直齿圆柱齿轮测绘

3. 计算模数 m　m＝da/(z＋2)

求出模数后与表3-2的标准模数对照，选取相接近的标准模数，即为被测齿轮的模数。

4. 计算 d：d＝mz

5. 校对中心距 a：a＝

6. 测量与计算齿轮的其他各部分尺寸。

7. 绘制标准直齿圆柱齿轮零件图。

任务 3　绘制齿轮轴的局部剖视图

布置任务

零件的内部结构可以通过剖视图来表达，但是如图 3－2－18 所示支座和箱座，如果采用全剖，零件的的内部结构就表达不清楚 ；如图 3－2－17 所示齿轮轴，为了表达轮齿轴的各部分结构，主视图采用全剖视图显然不合理，而采用局部剖视图即可清楚表达。

本任务是学习半剖视图和局部剖视图的表达方法。

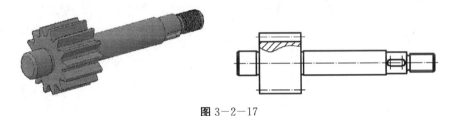

图 3－2－17

相关知识

一、局部剖视图

（一）局部剖视图的概念

用剖切面局部剖开物体所得的剖视图，称为局部剖视图，如图 3－2－18 所示。

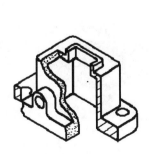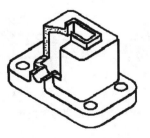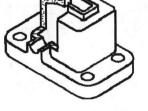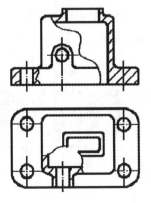

图 3－2－18　局部剖视图

119

（二）画局部剖视图时注意事项：

1. 在一个视图中，局部剖切的次数不宜过多，否则就会显得零乱，甚至影响图形的清晰度。

2. 视图与剖视图的分界线（波浪线）不能超出视图的轮廓线，不应与轮廓线重合或画在其他轮廓线的延长位置上，也不可穿越空心部分（孔、槽等），如图 3－2－19 所示。

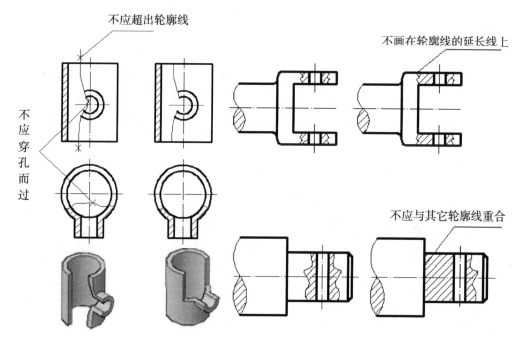

图 3－2－19　局部剖视图中波浪线的画法

（三）适用范围

1. 局部剖视图主要用以表达零件内部形状的局部结构，或是零件不宜采用全剖视图或半剖视图的地方（如轴、连杆、螺钉等实心零件上的某些孔或槽等）。由于局部剖视图具有同时表达机件内、外结构形状的优点，且不受机件是否对称的条件限制，在什么地方剖切、剖切范围的大小，均可根据表达的需要而定，因此应用广泛。

2. 当对称机件在对称中心线处有图线而不便于采用半剖视图时，应采用局部剖视图表示，如图 3－2－20 所示.。

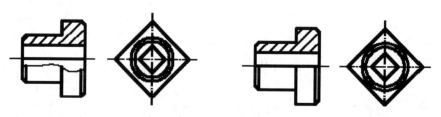

图 3－2－20　局部剖视图应用

任务实施

一、绘制齿轮轴的局部剖视图：

其中的参数为：模数 m＝2.5，齿数 Z＝14

1. 准备好绘图工具及测量工具；

2. 分析齿轮轴的结构形状，徒手绘制主视图的草图；

1. 根据给出的参数，计算齿轮各部分的尺寸：分度圆直径、齿顶圆直径、齿根圆直径；

2. 逐一测量其余尺寸，并在草图上标注尺寸；

3. 选取比例，图幅、布局，并画标题栏及参数表；

4. 绘制局部剖主视图的底稿；

5. 加粗描深各线条，如图 3－2－21 所示。

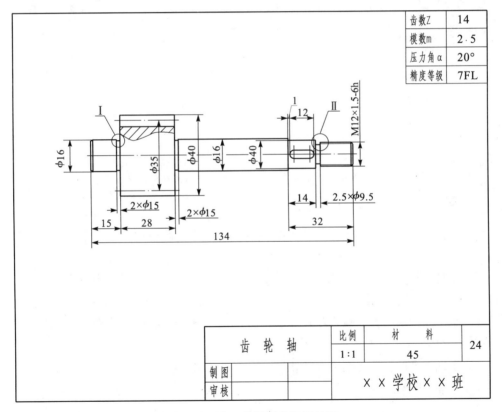

齿数Z	14
模数m	2.5
压力角α	20°
精度等级	7FL

齿 轮 轴	比例	材 料	24
	1:1	45	
制图		××学校××班	
审核			

图 3－2－21　齿轮轴的局部剖视

知识拓展

一、半剖视图

（一）半剖视图的形成

当机件具有对称平面时，向垂直于对称平面的投影面投射所得到的图形，以对称中心线为界，一半画成剖视图表达内部结构形状，另一半画成视图表达外部结构形状，这样的图形称为半剖视图。如图 3-2-22 所示零件左右对称，所以可以将主视图的一半画成剖视图，另一半画成视图，如图 3-2-22（b）所示。

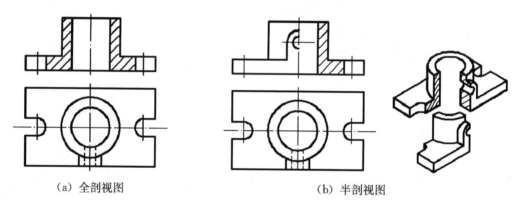

（a）全剖视图　　　　　　　　　（b）半剖视图

图 3-2-22　半剖视图（一）

注意：半剖视图与视图、全剖视图相比较：具有既表达了内部结构又保留了外形的优点。

（二）画半剖视图时注意事项：

1. 视图和剖视图之间的分界线为细点画线，而不应画成粗实线，也不应与轮廓线重合。

2. 机件的内部形状在半剖视图中已表达清楚，表示外形的视图中不必画虚线，但对于孔或槽等，应画出中心线位置。

3. 半剖视图的习惯画法：零件左右对称剖右半部分，前后对称剖前半部分，上下对称剖上半部分。

4. 半剖视图的标注与全剖视图相同，一般可省略标注。

（三）适用范围

由于半剖视图既表达了机件的内部结构又保留了机件的外部结构，所以常用它来表达内、外形状都需表达的对称机件

当机件的形状接近于对称，且不对称部分已另有图形表达清楚时同，也可以画成半剖视图，但需要标注。如图 3-2-23 所示的俯视图。

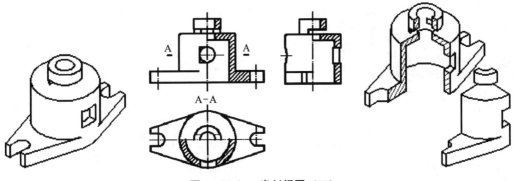

图 3—2—23　半剖视图（二）

任务 4　绘制齿轮轴的断面图

布置任务

通过任务 3 的学习可知，齿轮轴上除了键槽其他部分的主要结构都已经表达清楚，本任务的学习主要是表达齿轮轴键槽断面形状的视图－断面图。

相关知识

一、断面图的概念及种类

1. 断面的概念

假想用剖切面将机件的某处切断，仅画出其断面的图形，称为断面图，简称为断面。如图 3—2—24（a）所示。

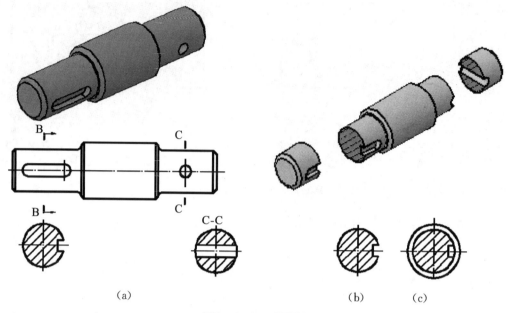

图 3-2-24　断面图

　　画断面图时，应特别注意断面图与剖视图的区别：断面图仅画出机件断面形状的图形，是"面"的投影如图 3-2-24（b）；剖视图除了画出机件断面形状外，还要画出剖切面后面的可见轮廓线，是"体"的投影，如图 3-2-24（c）所示。

　　2. 断面的种类

　　根据断面图配置位置不同，可分为移出断面图和重合断面图两种：画在视图轮廓之外的断面称为移出断面，见图 3-2-24（a）；画在视图内的断面图称为重合断面图，见图 3-2-28。

　　3. 断面图的应用：常用断面图来表达机件上某一局部的断面形状，例如零件上的肋、轮辐和轴上的键槽和孔等结构。

二、断面图画法

（一）移出断面的画法

　　移出断面的轮廓线用粗实线绘制。配置在剖切符号的延长线上，或者其他适当的位置。如图 3-2-24（a）所示

　　画移出断面图时应注意以下几点：

　　1. 当剖切平面通过由回转面形成的孔或凹坑的轴线时，这些结构按剖视图绘制，如图 3-2-25 所示。

　　2. 当剖切平面通过非圆孔，会导致出现完全分离的两个断面时，则这些结构按剖视图绘制，如图 3-2-26 所示。

　　3. 由两个或多个相交的剖切面剖切机件得到的移出断面图，中间一般应断开，并用波浪线封口，如图 3-2-27 所示。

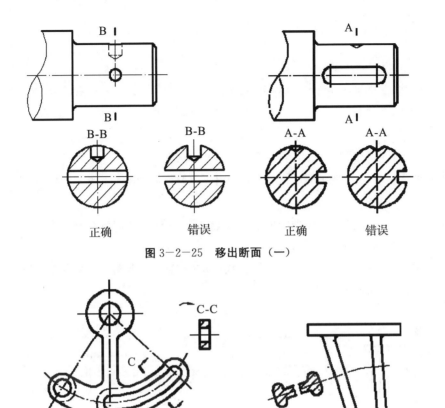

图 3—2—25　**移出断面（一）**

图 3—2—27　**移出断面（三）**

图 3—2—26　**移出断面（二）**

（二）重合断面的画法

重合断面图的轮廓线用细实线绘制。当视图中的轮廓线与重合断面图的图形重叠时，视图中的轮廓线仍应连续画出，不可中断，如图 3—2—28（a）所示。

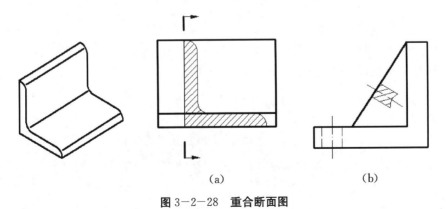

（a）　　　　　　　　　（b）

图 3—2—28　**重合断面图**

三、断面图的标注

（一）移出断面图的标注

一般在断面图的上方标注移出断面图的名称"×－×"（×为大写拉丁字母）。在相应的视图上用剖切符号表示剖切位置和用箭头表示投射方向，并注上相同的字母，如图3－2－29（b）所示。

移出断面图可以省略标注的一些场合：

1. 省略字母：配置在剖切符号延长线上不对称的移出断面图，如图3－2－29 a、b所示；

2. 省略箭头：不配置在剖切符号延长线上的对称的移出断面图；按投影关系配置的不对称的移出断面图，如图3－2－29 c、d所示；

3. 省略标注：配置在剖切符号延长线上的对称的移出断面图；配置在视图的中断处的对称的移出断面图，如图3－2－30所示。

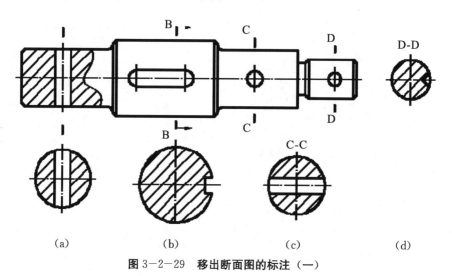

（a）　　　　　　（b）　　　　　　（c）　　　　　　（d）

图3－2－29　移出断面图的标注（一）

（二）重合断面的标注

重合断面对称时，可不必标注，如图3－2－28（b）所示；重合断面不对称时，需表示剖切位置和投影方向，如图3－2－28（a）所示。

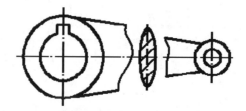

图3－2－30　移出断面图的标注（二）

任务实施

1. 绘制齿轮轴的主视图（任务 3 已完成）；
2. 查表确定相关的尺寸（键槽的尺寸与轴的尺寸相对应）；
3. 选定移出断面的位置；
4. 绘制移出断面图；
5. 对断面图标注，如图 3—2—31 所示。

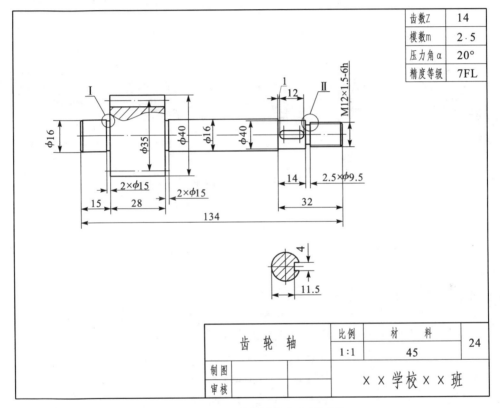

图 3—2—31　齿轮轴的移出断面图

知识拓展

一、键的作用

键主要用于轴和轴上的零件（如带轮、齿轮等）之间的连接，起着传递扭矩的作用。如图 3—2—32 所示，将键嵌入轴上的键槽中，再将带有键槽的齿轮装在轴上，当轴转动时，因为键的存在，齿轮就与轴同步转动，达到传递动力的目的。

图 3-2-32　**键连接**

二、键的种类

键的种类很多，常用的有普通平键、半圆键和钩头楔键三种。如图 3-2-33 所示。

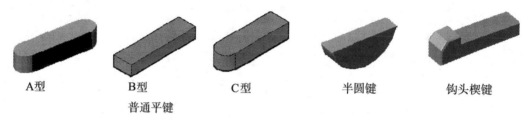

A 型　　　　B 型　　　　C 型　　　　　半圆键　　　　钩头楔键
　　　　普通平键

图 3-2-33　**键的种类**

三、键的标注

键为标准件，其与键槽的尺寸根据轴径大小从标准表（见附表 9）中查出，图样中不需

画出零件图，只需标注出其标记。

GB/T　1096 键 18×11×100：普通平键 A 型 宽 18 mm，高 11 mm，长 100 mm

GB/T　1099.1 键 6×10×25：半圆键宽 6 mm，高 10 mm，圆半径 21 mm

GB/T1565 键 18×100：钩头楔键 钩长 18 mm，楔长 100 mm

与油泵的齿轮轴联接的 GB/T 1096-2003 键标记为键 5×5×12；表示键宽 b=1 mm，键高 h=1 mm，键长 L=12 mm 的 A 型普通平键。

四、键槽尺寸的确定

查表确定齿轮轴上键槽的相关尺寸：由轴径 d=14 查表得：

槽长 L=12 mm，

槽宽 b=1 mm，

槽深 t=3.0 mm。

各尺寸的标注方法如图 3-2-34 所示。

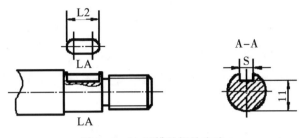

图 3-2-34 键槽的标注方法

任务 5 绘制齿轮轴的局部放大图

布置任务

如图所示 3-2-35 齿轮轴的主视图上细实线圆内的结构，相对全图来说太小了，实际结构形状表达不清楚，也不利于标注尺寸。通过本节任务的学习——局部放大图的画法来解决这个问题。

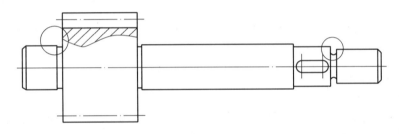

相关知识

一、局部放大图的概念

当机件的某些局部结构较小，在原定比例的图形中不易表达清楚或不便标注尺寸时，可将此局部结构用大于原图所采用的比例单独画出这种图形称为局部放大图，此时，原视图中该部分结构可简化表示，如图 3-2-35 所示。

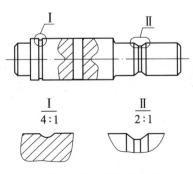

图 3-2-35 局部放大图

二、局部放大图的的画法

1. 局部放大图的的画法和配置

局部放大图可画成视图、剖视图、断面图，它与被放大部分的表达方式无关；局部放大图应尽量配置在被放大部位的附近。

画局部放大图要注意两点：

（1）局部放大图的比例是指放大图与机件的对应要素之间的线性尺寸比，与被放大部位的原图所采用的比例无关；

（2）局部放大图采用剖视图和断面图时，其图形按比例放大，断面区域中的剖面线的间距必须仍与原图保持一致。

2. 局部放大图的标注

（1）一般应用细实线圈出被放大的部位。

（2）当同一零件上有几个被放大的部分时，必须用罗马数字依次标明被放大的部位，并在局部放大图的上方标注出相应的罗马数字和所采用的比例；

（3）当零件上被放大的部分仅一处时，在局部放大图的上方只需注明所采用的比例。

（4）同一零件上不同部位的局部放大图，当图形相同或对称时，只需画出一个。

任务实施

1. 绘制齿轮轴的局部放大图

（1）用细实线圈出需放大部位，并按顺序标注罗马数字；

（2）根据被放大部位的具体结构和尺寸，选定局部放大图的比例；

（3）选定表达方法，按放大比例绘制局部放大图，并用波浪线绘制断裂处的边界线；

（4）对局部放大图进行标注；

2. 参照图例标注齿轮轴的尺寸和技术要求；

3. 校核，加粗完成全图，如图 3－2－36 所示。

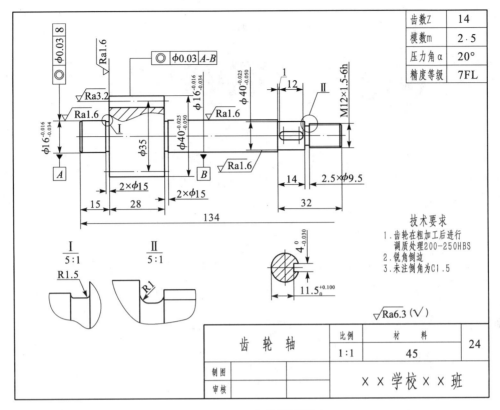

齿数Z	14
模数m	2.5
压力角α	20°
精度等级	7FL

技术要求
1. 齿轮在粗加工后进行
   调质处理200-250HBS
2. 锐角倒边
3. 未注倒角为C1.5

$\sqrt{Ra6.3}$ ($\sqrt{}$)

齿 轮 轴	比例		材 料		24
	1:1		45		
制图			××学校××班		
审核					

图 3-2-36 齿轮轴零件图

知识拓展

一、轴类零件常用的简化画法

1. 断开画法

较长的机件（轴、杆、型材、连杆等）沿长度方向的形状一致或按一定规律变化时，可断开后缩短绘制，如图 3-2-37 所示。断裂线可用波浪线或双点画线等表示，断裂后所注尺寸为机件的实际尺寸。

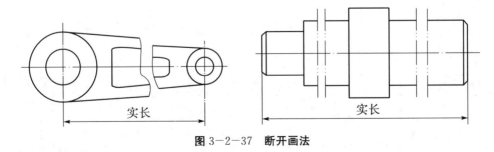

图 3-2-37 断开画法

2. 平面的简化画法：当回转体零件上的平面在图形中不能充分表达时，可用两条相交的细实线表示这些平面。

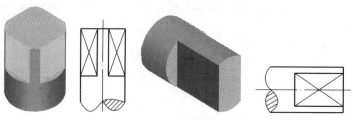

图3-2-38 **简化画法（一）**

3. 较小结构的简化画法：圆柱体上因钻小孔、铣键槽等出现的交线允许省略，但必须有其他视图清楚地表示了孔、槽的形状。

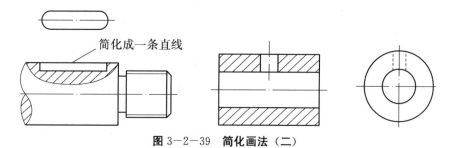

简化成一条直线

图3-2-39 **简化画法（二）**

4. 允许省略剖面符号的移出断面

在不致引起误解时，零件图中的移出断面，允许省略剖面符号，但剖切位置和断面图的标注，必须按规定的方法标出，如图3-2-40所示。

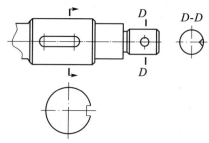

图3-2-40 **简化画法（三）**

二、中心孔的表示方法

为了便于加工和保证加工精度，一般是在粗车后精车前，用车床上的中心钻加工出来中心孔。

1. 中心孔类型：A型（不带护锥）、B型（带护锥）、C型（带螺纹）、R型（弧形）四种形式。如图3-2-41所示。

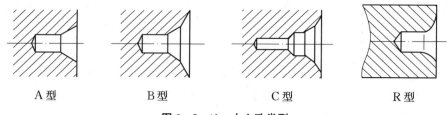

A型　　　　　B型　　　　　C型　　　　　R型

图3-2-41 **中心孔类型**

132

2. 标注示例：中心孔的结构是有相应标准规定的，在图样中可不绘制其详细的结构，只须在轴的端面绘制出中心孔要求的符号，随后标注出其相应的标记。

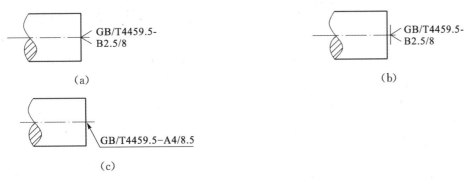

图 3-2-42 中心孔的标注

说明：

（1）如图 3-2-42（a）要求做出 B 型中心孔 $D=2.5$ $D_1=8$ 在完工的零件上要求保留；

（2）如图 3-2-42（b）要求做出 B 型中心孔 $D=2.5$ $D_1=8$ 在完工的零件上不允许保留；

（3）如图 3-2-42（a）要求做出 A 型中心孔 $D=4$ $D_1=8.5$ 在完工的零件上保留与否都可以。

三、轴类零件图的特点

1. 视图表达：一般将其轴线水平放置画出主视图。还采用局部剖视图、移出断面图、局部视图和局部放大图等。

2. 尺寸标注：轴套类零件的基本形体是同轴回转体，一般只需要径向和轴向（长度方向）两个主要基准。

3. 技术要求：轴类零件的技术要求比较复杂。

项目二 评价

一、个人评价

评价项目	项目内容	掌握程度		
		了解（5分）	掌握（7分）	应用（10分）
半剖视图的画法				
局部剖视图的画法				
移出断面图画法及标注				
重合断面图画法及标注				

评价项目	项目内容	掌握程度		
		了解（5分）	掌握（7分）	应用（10分）
外螺纹的规定画法及标注				
内螺纹的规定画法及标注				
齿轮的表达方法画法及标注内容				
轴类零件图的表达特点				

二、小组评价

三、教师评价

项目三　识读盘盖类零件图

项目描述

　　盘盖类零件是常用的一类机械零件，主体部分常由回转体组成，也可能是方形或组合体形体。盖类零件通常有均布孔等结构，并且常有一个端面与部件中的其它零件接合。盘盖类零件一般起连接、轴向定位、支承和密封等作用，如图 3-3-1 所示的齿轮油泵的左（右）泵盖主要起到支承主、从齿轮轴和密封的作用。因此，掌握其结构、视图表达、尺寸标注和技术要求等特点，对识读同类零件图很有帮助，能有效地提高读图能力。

图 3-3-1　泵盖零件

本项目主要是识读泵盖零件图。

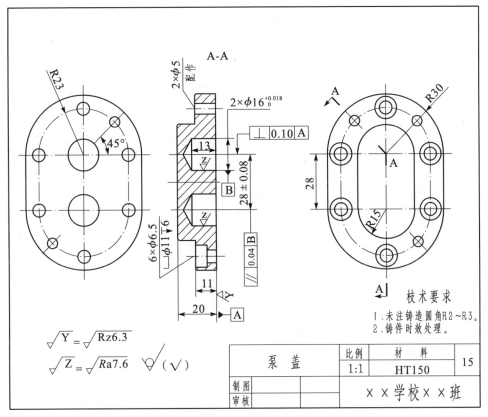

图 3-3-2 泵盖零件图

任务1 绘制并识读泵盖左右视图

任务布置

盖类零件不同的侧面都有不同的结构，经常用左、右或主、后等视图表达，本任务是绘制并识读图 3-3-2 泵盖零件图中的左视图和右视图。

相关知识

一、基本视图

当机件的外部结构形状在各个方向（上下、左右、前后）都不相同时，三视图往往不能清晰地把它表达出来。因此，必须加上更多的投影面，以得到更多的视图。

1. 概念

为了清晰地表达机件六个方向的形状，可在 H、V、W 三投影面的基础上，再增加三个基本投影面。这六个基本投影面组成了一个方箱，把机件围在当中，如图 3-3-3（a）所示。机件在每个基本投影面上的投影，仰视图称为基本视图。图 3-3-3（b）

135

表示机件投影到六个投影面上后，投影面展开的方法。展开后，六个基本视图的配置关系和视图名称见图 3-3-3（c）。按图 3-3-3（c）所示位置在一张图纸内的基本视图，一律不注视图名称。

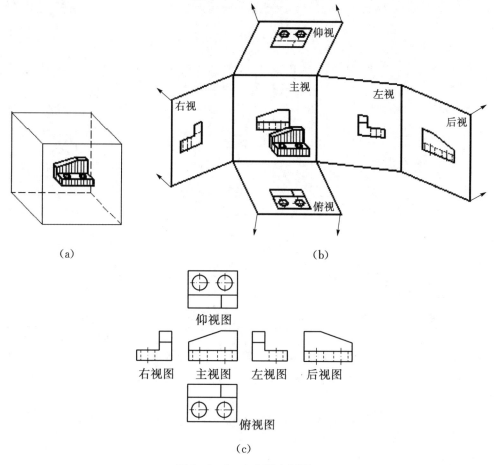

图 3-3-3　六个基本视图

2. 投影规律

六个基本视图之间，仍然保持着与三视图相同的投影规律，即：

主、俯、仰、后：长对正；

主、左、右、后：高平齐；

俯、左、仰、右：宽相等。

3. 方位

除后视图以外，各视图的里边（靠近主视图的一边），均表示机件的后面，各视图的外边（远离主视图的一边），均表示机件的前面，即"里后外前"。

1. 虽然机件可以用六个基本视图来表示，但实际上画哪几个视图，要看具体情况而定。

2. 绘制图样时，一般先考虑选用主、俯、左三个视图，必要时也可选用其他视图。只要表达完整、清晰、又不重复，且视图数量最少为好。

二、向视图

有时为了便于合理地布置基本视图,可以采用向视图。

向视图是可自由配置的视图,它的标注方法为:在向视图的上方注写"×"(×为大写的英文字,母如 A、B、C 等),并在相应视图的附近用箭头指明投影方向,并注写相同的字母,如图 3-3-4 所示。

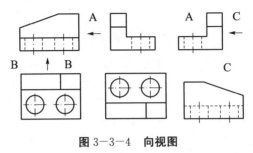

图 3-3-4　向视图

任务实施

根据基本视图的投影规律,绘制泵盖的左视图和右视图。

绘图步骤:

1. 分析泵盖的结构形状:从图形可以看出泵盖由底板和凸缘两部分组成。底板上有 6 个阶梯孔、两个销孔和上下对称的盲孔。

2. 根据泵盖的结构特点,确定表达方案,绘制左视图和右视图;

3. 标注尺寸,填写标题栏。

知识拓展

1. 零件上常见孔的标注方法:

类型		一般注法	旁注法	说明
光孔	一般孔	4×φ4　10	4×φ4▽10　　4×φ4▽10	表示 4 个直径为 4，深度为 10 的孔，且按规律分布
	精加工孔	4×φ4H7　10　12	4×φ4H7 ▽10 孔▽12　　4×φ4H7▽10 孔▽12	表示 4 个钻孔深为 12，精加工孔直径为 4；深为 10
	锥销孔	锥销孔φ4 配作	锥销孔φ4 配作　　锥销孔φ4 配作	∅4 为锥销孔相配的锥销的公称直径，且在相邻两零件装配在一起时再加工
沉孔	锥形沉孔	90° φ8　4×φ4	4×φ4 φ8×90°　　4×φ4 φ8×90°	4 个∅4 孔　表示锥形部分大头直径为 8，锥顶角为 90°
	柱形沉孔	φ8　3 4×φ4	4×φ4 φ8▽3　　4×φ4 φ8▽3	4 个∅4 柱形孔，大孔直径为 8，深为 3
	锪平孔	φ8锪平 4×φ4	4×φ4 ⊔φ8　　4×φ4 ⊔φ8	锪平的直径为 8，锪孔的深不标，加工到不出现毛坯面为止

任务 2　绘制并识读泵盖零件图中的主视图

布置任务

盖类零件中孔有时分布在一个圆上，有时分布在不同的直线上，为了表达各孔的结构，需要在不同位置进行剖切，从而形成不同的剖视方法，本任务是绘制并识读图 3-3-2 泵盖零件图中旋转剖视的主视图。

相关知识

一、阶梯剖

1. 概念：用两个或多个互相平行的剖切平面把机件剖开的方法，称为阶梯剖，所画出的剖视图，称为阶梯剖视图。

2. 适用范围：表达机件内部结构的中心线排列在两个或多个互相平行的平面内的情况。

3. 举例：

例如图 3-3-5（a）所示机件，内部结构（小孔和沉孔）的中心位于两个平行的平面内，不能用单一剖切平面剖开，而是采用两个互相平行的剖切平面将其剖开，主视图即为采用阶梯剖方法得到的全剖视图，如图 3-3-5（c）所示。

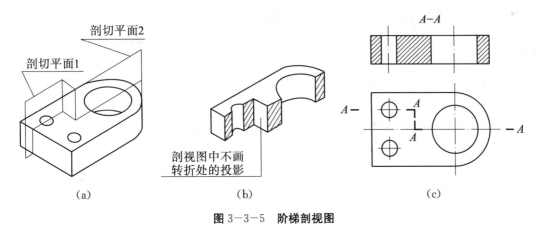

图 3-3-5　阶梯剖视图

4. 注意事项：

（1）为了表达孔、槽等内部结构的实形，几个剖切平面应同时平行于同一个基本投影面。

（2）两个剖切平面的转折处，不能划分界线，如图 3-3-5（b）所示。因此，要选择一个恰当的位置，使之在剖视图上不致出现孔、槽等结构的不完整投影。当它们在剖视图上有

共同的对称中心线和轴线时，也可以各画一半，这时细点画线就是分界线。如图3
－3－6所示。

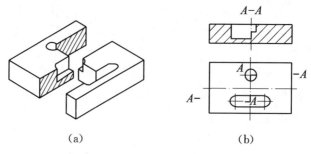

(a)   (b)

图3－3－6　阶梯剖视图

（3）阶梯剖视必须标注，标注方法如图3－3－5（c）和图3－3－6（b）所示。在剖切平面迹线的起始、转折和终止的地方，用剖切符号（即粗短线）表示它的位置，并写上相同的字母；在剖切符号两端用箭头表示投影方向（如果剖视图按投影关系配置，中间又无其它图形隔开时，可省略箭头）；在剖视图上方用相同的字母标出名称"X—X"。

二、旋转剖

1．概念

用两个相交的剖切平面（交线垂直于某一基本投影面）剖开机件的方法称为旋转剖，所画出的剖视图，称为旋转剖视图。

2．举例

如图3－3－7（a）所示的法兰盘，它中间的大圆孔和均匀分布在四周的小圆孔都需要剖开表示，如果用相交于法兰盘轴线的侧平面和正垂面去剖切，并将位于正垂面上的剖切面绕轴线旋转到和侧面平行的位置，这样画出的剖视图就是旋转剖视图。可见，旋转剖适用于有回转轴线的机件，而轴线恰好是两剖切平面的交线。并且两剖切平面一个为投影面平行面，一个为投影面垂直面，如图3－3－7（b）是法兰盘用旋转剖视表示的例子。

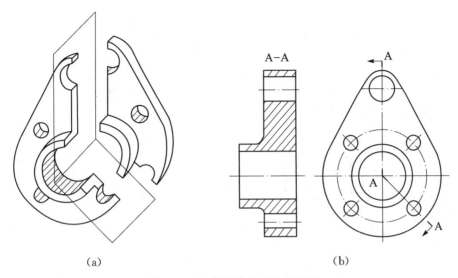

图 3－3－7　法兰盘的旋转剖视图

3. 画旋转剖视图时应注意以下两点：

（1）倾斜的平面必须旋转到与选定的基本投影面平行，以使投影能够表达实形。但剖切平面后面的结构，一般应按原来的位置画出它的投影，如图 3－3－8（b）所示。

（2）旋转剖视图必须标注，标注方法与阶梯剖视相同，如图 3－3－7（b）、图 3－3－8（b）所示。

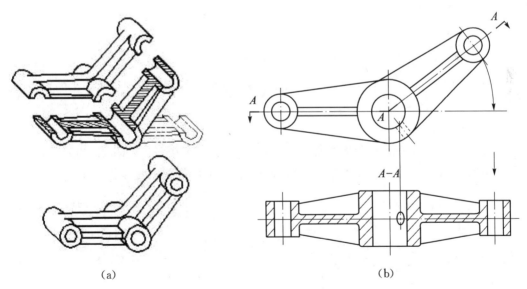

图 3－3－8　摇臂的旋转剖视图

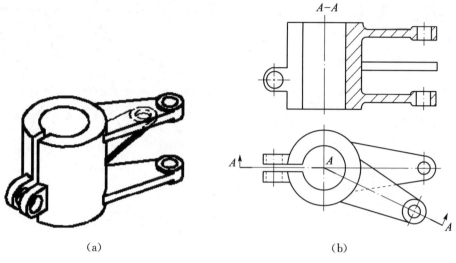

（a）　　　　　　　　　　　　　　　　　　（b）

图 3—3—9

（3）当对称中心不在剖切面上的部分结构，剖切后产生不完整要素时，应将此部分按不剖绘制。如图 3—3—9 所示。

规定：机件的肋、轮辐及薄壁等，如按纵向剖切，不画剖面符号而用粗实线将它们与其相邻接部分分开，但横向剖切时画剖面线。

三、复合剖

1. 概念

当机件的内部结构比较复杂，用阶梯剖或旋转剖仍不能完全表达清楚时，可以采用以上几种剖切平面的组合来剖开机件，这种剖切方法，称为复合剖，所画出的剖视图，称为复合剖视图。

2. 举例

如图 3—3—10（a）所示的机件，为了在一个图上表达各孔、槽的结构，便采用了复合剖视，如图 3—3—10（b）所示。应特别注意复合剖视图中的标注方法。

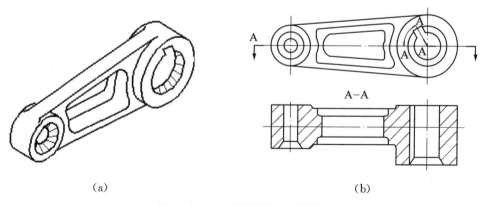

（a）　　　　　　　　　　　　　　　　　　（b）

图 3—3—10　机件的复合剖视图

四、盘盖类零件的用途、结构特点和视图表达

1. 用途

盘盖类零件在装配体中起支承、轴向定位、连接和密封作用，同时起到保护传动零件，或用来保护与它外壁相配合的表面。

2. 结构分析

盘盖类零件包括端盖、阀盖、花盘、法兰等，这类零件的基本形体一般为回转体或其它几何形状的扁平的盘状体，通常还带有各种形状的凸缘、均布的圆孔和肋等局部结构。

3. 主视图选择

盘盖类零件的毛坯有铸件或锻件，机械加工以车削为主，主视图一般按加工位置水平放置，但有些较复杂的盘盖，因加工工序较多，主视图也可按工作位置画出。为了表达零件内部结构，主视图常取全剖视。

4. 其它视图的选择

盘盖类零件一般需要两个以上基本视图表达，除主视图外，为了表示零件上均布的孔、槽、肋、轮辐等结构，还需选用一个端面视图（左视图或右视图），如图 3-3-7 (b) 中所示就增加了一个左视图，以表达凸缘和四个均布的通孔。此外，为了表达细小结构，有时还常采用局部放大图。

任务实施

一、完成泵盖零件图。

绘制步骤：

1. 根据左视图和右视图，以及泵盖上孔的分布情况，在左视图上采用两个相交的剖切平面剖开泵盖，完成剖视图的标注。

2. 绘制旋转剖的主视图。

3. 标注尺寸。

4. 书写技术要求。

5. 检查全图，描深加粗图线，完成全图。

二、识读图 3-3-11 法兰盘零件图

1. 看标题栏：零件名称为法兰盘，材料为 Q235，比例为 1：1。

2. 分析视图：从图形表达方案看，因盘类零件都是短粗的回转体，主要在车床或镗床上加工，故主视图采用轴线水平放置的投影方向，符合零件的加工位置原则。为清楚表达零件内部结构，主视图 A—A 是用两个相交的剖切面剖开零件后画出的全剖视图。为表达外部轮廓，还选用了一个左视图，从图中可清楚地看到法兰盘的外形和孔的分布情况。

3. 看尺寸标注：盘类零件的径向尺寸基准为轴线。在标注圆柱体的直径时，一般都注在投影为非圆的视图上；轴向尺寸以法兰盘的端面为基 $\varnothing 70$、$\varnothing 20^{+0.021}_{0}$、$\varnothing 28^{0}_{-0.021}$、$\varnothing 35^{-0.025}_{-0.050}$；和孔的定位尺寸 $\varnothing 61$、$\varnothing 50$；还有 3×1 为退刀槽的标注，其中：

3 为宽度，1 为深度。

4．看技术要求：

（1）尺寸公差：法兰盘上的圆柱外结合面 $\varnothing 28_{-0.021}^{0}$、$\varnothing 35_{-0.050}^{-0.025}$ 是配合面，要求实际加工时的尺寸比公称尺寸都要小，内孔 $\varnothing 20_{0}^{+0.021}$ 则要求比公称尺寸要大。

（2）表面结构：配合面及端面表面粗糙度要求较高，Ra 值为 1.6，其余表面要求较低，Ra 值为 25。

（3）几何公差：要求法兰盘的左右端面都要与 $\varnothing 20_{0}^{+0.021}$ 的中心线相互垂直，公差值为 0.02；$\varnothing 28_{-0.021}^{0}$ 和 $\varnothing 35_{-0.050}^{-0.025}$ 圆柱要求与 $\varnothing 20_{0}^{+0.021}$ 圆柱的同轴度公差值为 $\varnothing$ 0.02 。

（4）材料要求：这里没有特殊要求，只是要求未注倒角的尺寸为 1.5 mm。

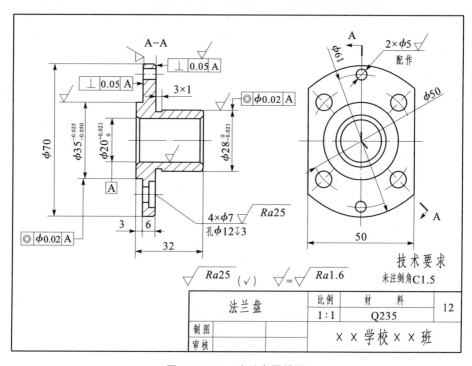

图 3—3—11　法兰盘零件图

知识拓展

一、认识常见法兰盘和端盖

项目三　评价

一、个人评价

评价项目	项目内容	掌握程度		
		了解（5分）	掌握（7分）	应用（10分）
盘盖类零件结构特点				
基本视图名称和配置				
基本视图的投影规律				
向视图的用途				
阶梯剖的概念和画法				
旋转剖的概念及画法				
复合剖的概念及画法注意事项				
常见孔的种类及标注方法				

二、小组评价

三、教师评价

项目四　识读泵体零件图

项目描述

　　箱体是机器或部件的外壳或座体，它是机器或部件中主体件，起着支承和包容运动件、其他零件及油、汽等介质的作用。箱体类零件结构形状复杂，总体特点是由薄壁围成不同形状的较大空腔及底板组成的壳体，一般由底板、箱壁、箱孔等结构组成。

图 3-4-1（a）　　泵体立体图

如图 3-4-1（a）（b）所示，分别为齿轮油泵的泵体立体图和零件图。本项目通过识读泵体的零件图，学习局部视图和斜视图的画法，了解箱壳类零件的特点、工艺结构、功用等，并掌握箱壳类零件图相关的表达方法以及尺寸标注。

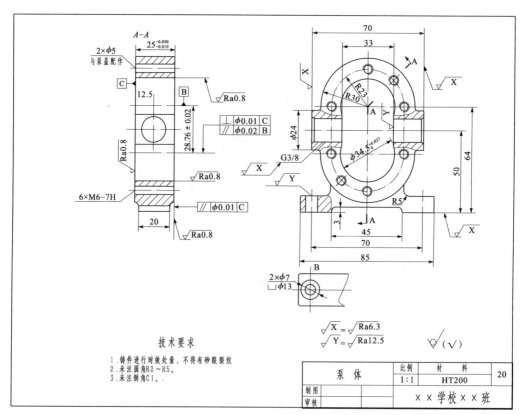

图 3-4-1（b）　　泵体及零件图

任务1　绘制四通管的局部视图和斜视图

布置任务

　　箱体类零件结构复杂，这类零件的零件图视图较多，一般需要两个以上基本视图，还常用断面图、局部视图、斜视图等来表达其局部结构，如图 3-4-2 所示的泵体零件图采用向视图和局部视图来表达泵体的底板和沉孔的形状。零件的表达方法中常采用局部视图、斜视图表达零件的局部结构。本任务完成如图 3-4-2 所示四通管的表达方案。

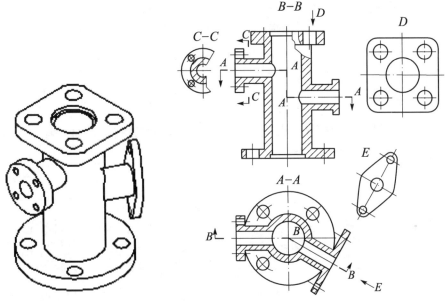

图 3-4-2　四通管

相关知识

一、局部视图

　　1. 将物体的某一部分向基本投影面投射所得的视图，称为局部视图。如图 3-4-3 所示，圆筒左侧凸缘部分的形状在主、俯视图尚未表达明白，用局部视图既可将其表达清楚，又可以省去画一个完整的左视图。

　　2. 局部视图的配置和标注：一般在局部视图上方标出视图的名称"×"（"×"为大写拉丁字母），在相应的视图附近用箭头指明投影方向，并注上同样的字母。当局部视图按投影关系配置，中间又没有其他图形隔开是，可省略标注。

　　3. 局部视图的表达方法：局部视图的断裂边界常以波浪线（或双折线、中断线）

表示。局部视图的外形轮廓成封闭状态时，可省略表示断裂边界的波浪线（或双折线、中断线）。

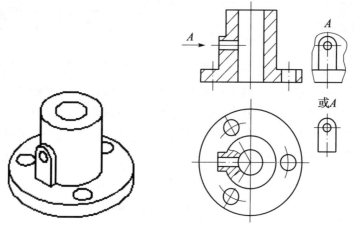

图 3-4-3　局部视图

二 、斜视图

1. 概念：将零件向不平行于基本投影面的平面投射所得的视图称为斜视图，如图 3-4-4 所示。

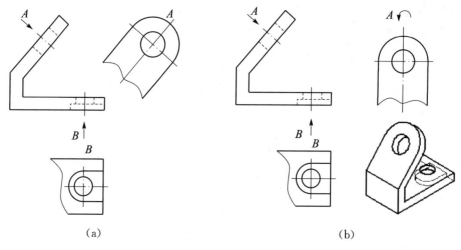

（a）　　　　　　　　　　　　　　　（b）

图 3-4-4　斜视图

2. 画法：斜视图主要用来表达物体倾斜部分的真实形状，其他部分不必全部画出，而是用波浪线或双折线断开。

3. 斜视图的配置和标注：

（1）斜视图一般按向视图的配置形式配置，在斜视图的上方必须用字母标出视图的名称，在相应的视图附近用箭头指明投射方向，并注上同样的字母。如图 3-4-4（a）所示

（2）在不致引起误解的情况下，从作图方便考虑，允许将图形旋转，这时斜视图应

加注旋转符号，旋转符号为半圆形（半径等于字体高度，线宽为字体高度的 1/10～1/14）。表示视图名称的大写拉丁字母应靠近旋转符号的箭头端，也允许在字母之后注出旋转角度。如图 3-4-4（b）所示。

注意：局部视图与斜视图的区别：局部视图是零件上某一部分在基本投影面上的投影图；而斜视图是零件的某一部分在不平行于任何基本投影面的平面上的投影视图。

任务实施

1. 根据所给的视图，利用形体分析法分析四通管的结构；
2. 确定表达方案，拟定作图步骤；
3. 绘制上法兰盘的局部视图并标注；
4. 绘制右法兰盘的斜视图并标注。

知识拓展

认识箱体类零件

任务 2 识读泵体零件图

布置任务

本任务是在识读泵体零件图 3-4-1 的基础上，学习并掌握识读各种零件图的方法与步骤。

相关知识

一、识读零件图的方法与步骤：

1. 看标题栏，了解零件概况

看标题栏了解零件名称、材料、比例和数量等内容。从名称可知道零件属于哪一类

零件，材料可大致了解其加工方法，比例方便零件图的布局，数量可以决定零件加工工艺方案等。

2. 看视图，想象零件结构形状。

看视图分析表达方案应先找出主视图，围绕主视图分析各视图之间的投影关系及所采用的表达方法。运用形体分析法和面形分析法读懂零件各部分结构，想像零件形状。

3. 看尺寸标注，明确各部分的大小

在分析视图的基础上，找出零件的尺寸基准，了解零件各部分的定形尺寸、定位尺寸和总体尺寸，分析重要尺寸及公差要求。

4. 看技术要求，明确质量指标

看技术要求就是分析零件的尺寸公差、几何公差、表面结构、热处理等技术要求。

5. 归纳总结

综合前面的分析，把图形、尺寸和技术要求等全面系统地联系起来思索，并参阅相关资料，得出零件的整体结构、尺寸大小、技术要求及零件的作用等完整的概念。

注意：在看零件图的过程中，上述步骤不能把它们机械地分开，往往是参差进行的。另外，对于较复杂的零件图，往往要参考有关技术资料，如装配图，相关零件的零件图及说明书等，才能完全看懂。对于有些表达不够理想的零件图，需要反复仔细地分析，才能看懂。

任务实施

1. 看标题栏，了解零件概况

零件名称为泵体，是齿轮油泵中主要零件之一，材料选用铸铁 HT200，对照齿轮泵装配图可知泵体通过 12 个螺钉，4 个圆柱销分别与左、右泵盖连接，中间有调整垫片。

2. 看视图，想象零件形状；

泵体由主视图、左视图两个基本视图和一个局部视图。主视图按工作位置确定，采用旋转全剖视图，显示了泵体的厚度和销孔、螺孔的结构；左视图采用局部剖视图，显示了泵体的外形和内腔都是长圆形，前后锥台有进、出油口与内腔相通，泵体上有与左、右端盖连接用的螺钉孔和销孔；由局部视图可知底板呈长方形，左、右两边各有一个固定用的螺栓孔，底板上面的凹坑和下面的凹槽，是用于减少加工面，使齿轮油泵固定平稳。

3. 看尺寸标注，明确各部分的大小

以底板底面为高度方向主要尺寸基准，注出定位尺寸 50、64、28.76±0.02、R23、45°；定形尺寸有锥台直径 24、进、出油口大小 G3/8、外长圆形半径 R30 和内腔的长圆形直径 $\varnothing 34_0^{+0.027}$、底板高 10、底板下面的凹槽高 3、螺钉孔大小 6×M6−7H。

以前后对称面为宽度方向主要尺寸基准，注出尺寸 70、33、底板螺栓孔的定位尺寸 70、底板下面的凹槽宽 45、底板宽 85。

以左右对称面为长度方向主要尺寸基准注出底板长 20、进、出油口定位尺寸 12.5、泵体总长 $25^{-0.010}_{-0.040}-$。

4. 看技术要求，明确质量指标

泵体内腔表面与齿轮轴的齿顶及泵体的左、右端面与泵盖端面是结合面，因此表面粗糙度要求很严，Ra 值为 0.8 $\mu m.$。

泵体中比较重要的尺寸均标出偏差数值如 28.76±0.02，表示最大极限尺寸为 28.78，最小极限尺寸 28.74。

几何公差要求是：下轴线相对上轴线平行度公差为 0.02；左端面相对右端面的平行度公差为 0.01。

5. 归纳总结：过上述看图分析，对泵体的作用、结构形状、尺寸大小、主要加工方法及加工中的主要技术指标要求，就有了较清楚的认识。综合起来，即可得出泵体的总体印象。

通过分析泵体零件图，可以看出箱体类零件在表达方面的特点：一般需要两个以上基本视图来表达，主视图按形状特征和工作位置来选择，采用通过主要支承孔轴线的剖视图表达内部形状，局部结构常用局部视图、局部剖视图、斜视图、断面图等表达；尺寸标注特点是长、宽、高三个方向至少有一个主要基准，定位尺寸较多；箱体类零件的轴孔、结合面及重要表面，在尺寸公差、表面结构、几何公差等方面有较严格的要求。

项目四　评价

一、个人评价

评价项目	项目内容	掌握程度		
		了解（5分）	掌握（7分）	应用（10分）
箱体类零件的结构及作用				
识读零件图的方法和步骤				
局部视图的概念及画法				
斜视图的概念及画法				
局部视图与斜视图的区别				
四通管主视图的表达方法				
俯视图的表达方法				
其它视图的表达方法				

二、小组评价

三、教师评价

项目五　识读杠杆零件图

项目描述

　　叉架类零件在机器或部件中起操纵、连接、传动或支承作用，根据零件结构形状和作用不同，支架类零件一般由支承部分、连接部分和安装部分组成，而叉类零件一般支承部分、工作部分和连接部分组成，如图3-5-1所示。这类零件形状比较复杂且不规则，表达时需用到多种表达方法。本项目通过识读图3-5-2杠杆零件学习叉架类零件常用的表达方法，了解叉架类零件图特点。

图3-5-1　叉架类零件

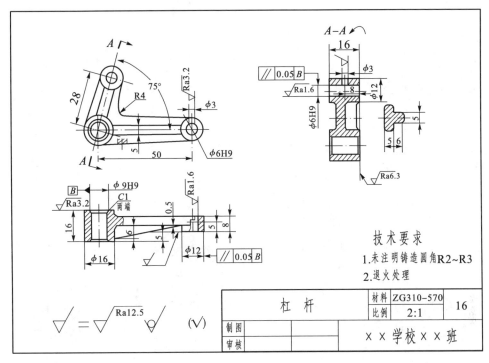

图3-5-2 杠杆零件图

任务1 绘制斜剖视图

布置任务

完成如图3-5-3所示摇块的A—A剖视图。

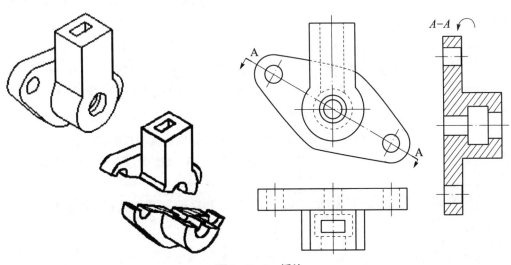

图3-5-3 摇块

相关知识

一、斜剖视图

用不平行于任何基本投影面的剖切平面剖开机件的方法称为斜剖，所画出的剖视图，称为斜剖视图。如图 3-5-4 所示 B-B 剖视

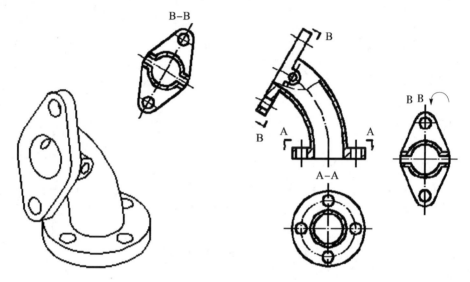

图 3-5-4　斜剖视图

斜剖视主要用表达机件上倾斜部分的内部结构。如图 3-5-3 所示机件，它的基本轴线不与底板不垂直。为了清晰表达弯板的外形和小孔等结构，宜用斜剖视表达。此时用平行于弯板的剖切面 "B-B" 剖开机件，然后在辅助投影面上法求出剖切部分的投影即可。

画斜剖视图时，应注意以下几点：

（1）剖视最好与基本视图保持直接的投影联系，如图 3-5-4 中的 "B-B"。必要时（如为了合理布置图幅）可以将斜剖视画到图纸的其他地方，但要保持原来的倾斜度，也可以转平后画出，但必须加注旋转符号，如图中的 "B-B ↻"。

（2）斜剖视主要用于表达倾斜部分的结构。机件上凡在斜剖视图中失真的投影，一般应避免表示。例如在 3-5-4 中，按主视图上箭头方向取视图，就避免了画圆形底板的失真投影。

（3）斜剖视图必须标注，箭头表示投影方向，其字母一律水平书写，如图 3-5-3 所示。

注意：当斜剖视的剖面线与主要轮廓线平行时，剖面线可改为与水平线成 30°或60°，原图形中的剖面线仍与水平线成 45°，但同一机件中剖面线的倾斜方向应大致相同。

任务实施

一、绘制斜剖视图

1. 根据所给的视图，利用形体分析法分析摇块的结构；

2. 确定表达方案，拟定作图步骤；

3. 选择剖切位置及投影方向；

4. 在适合的位置绘制的斜剖视图并标注，结果如图 3－5－3 所示。

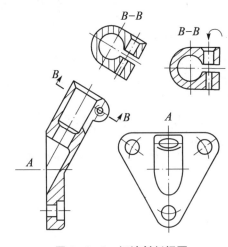

图 3－5－5　识读斜剖视图

二、识读图 3－5－5 斜剖视图和局部视图

1. 图中 B－B 的两种画法

均为斜剖视图；

2. A 为局部视图；

3. 综合想象立体形状。

任务 2　识读杠杆零件图

布置任务

杠杆零件图是比较复杂的零件图，本任务通过识读图 3－5－2 所示的杠杆零件图，进一步学习零件图的识读方法。

相关知识

一、零件一些其他规定画法及简化画法

1. 有关肋板、轮辐等结构的画法

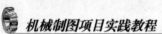

（1）机件上的肋板、轮辐及薄壁等结构，如纵向剖切都不要画剖面符号，而且用粗实线将它们与其相邻结构分开，如图 3-5-6 所示。

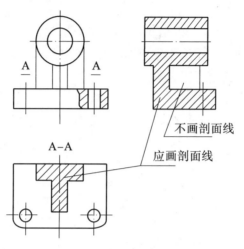

图 3-5-6　肋板、轮辐的画法法

（2）回转体上均匀分布的肋板、轮辐、孔等结构不处于剖切平面上时，可将这些结构假想旋转到剖切平面上画出。如图 3-5-7 所示。

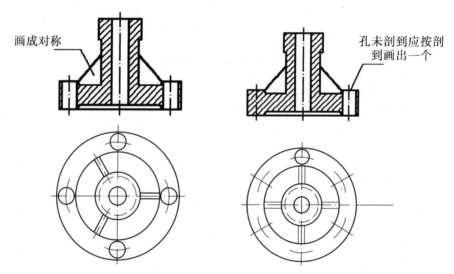

图 3-5-7　均布肋、孔的画法

2. 相同结构的简化画法

当机件上具有若干相同结构（齿、槽、孔等），并按一定规律分布时，只需画出几个完整结构，其余用细实线相连或标明中心位置，并注明总数，如图 3-5-8 所示。

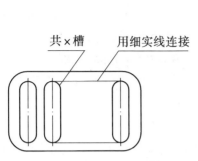

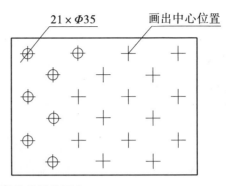

图3-5-8 相同结构的简化画法

3. 对称机件的简化画法

在不致引起误解时，对于对称机件的视图可以只画一半或四分之一，并在对称中心线的两端画出两条与其垂直的平行细实线，如图3-5-9所示。

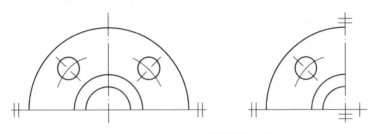

图3-5-9 对称机件的简化画法

在表达零件时，为增加图样的清晰度，简化绘图，国家标准规定了一些简化画法。掌握这些画法对读懂零件图有较大的帮助。如叉架类零件常有叉形结构、肋板和孔、槽等，表达方法上常用到肋板的规定画法。

二、叉架类零件图的特点：

（1）视图表达：叉架类零件的结构形式较多，一般以自然放置或工作位置放置，按形状特征明显的方向作为主视方向，采用2~3个基本视图，根据机件具体结构增加斜视图、局部视图、斜剖视图、断面图，再配用其它规定表达方法。

（2）尺寸标注：尺寸标注比较复杂，各部分的形状和相对位置的尺寸在直接标出。零件的长、宽、高三个方向的尺寸基准一般选用安装基准面、零件的对称面、孔的轴线和较大的加工平面。

（3）技术要求：叉架类零件一般对工作部分的孔的表面粗糙度、尺寸公差和形位公差有比较严格的要求，应给出相应的公差值。对连接和安装部分的技术要求不高。

任务实施

1. 看标题栏，了解零件概况

零件名称为杠杆，材料选用铸铁ZG310-570，比例1：1。

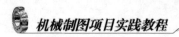
2. 看视图，想象零件形状；

主视图为局部剖视图，主要表达杠杆的外形，并表示了 A－A 斜剖视图的剖切位置；俯视图为局部剖视图，表达圆柱体的结构特征以及肋板与圆柱体的连接关系，重合断面表达肋板截面形状；A－A 斜剖视图表达上面圆柱体的结构特征以及 T 型肋板与圆柱体的连接关系；移出断面图表达连接部分（T 型肋板）的截面结构。分析后得出其结构形状，如图 3－5－10 所示。

3. 看尺寸标注，明确各部分的大小

长度和高度方向的尺寸基准为圆柱体 φ16 的轴线；宽度方向的尺寸基准为圆柱体 φ16 的前端面。定位尺寸有 5（两处）、6 、8、28 、50、和 75°等。

4. 看技术要求，明确质量指标

表面粗糙度要求最高的是圆柱体内孔表面，Ra 值为 1.6 ；其次各加工表面的 Ra 值为 3.2、6.3、12.5；其他为毛坯面。

尺寸公差：φ9 的公差带代号为 H9。查表得上偏差为＋0.036，下偏差为 0；φ6 的公差带代号为 H9。查表得上偏差为＋0.030，下偏差为 0。

几何公差要求是：两个小圆柱体轴线相对大圆柱体轴线平行度公差都为 0.02；

零件进行退火处理，未注铸造圆角 R2～R3

5. 归纳总结：过上述看图分析，对杠杆的作用、结构形状、尺寸大小、主要加工方法及加工中的主要技术指标要求，就有了较清楚的认识。

图 3－5－10　杠杆立体结构

项目五　评价

一、个人评价

评价项目	项目内容	掌握程度		
		了解（5分）	掌握（7分）	应用（10分）
叉架类零件的作用及结构特点				
斜剖视图的概念及画法				
肋板和轮辐的规定画法				

评价项目	项目内容	掌握程度		
		了解（5分）	掌握（7分）	应用（10分）
在何种情况下应用简化画法				
杠杆零件图中左视图的画法				
杠杆零件图中俯视图的画法				
杠杆零件图中主视图的画法				
杠杆零件图中其它视图的画法				

二、小组评价

三、教师评价

模块四 识读装配图

项目一 识读标准件和常用件的装配图

项目描述

当几个零件安装在一起时，常常需要用螺栓连接和销连接，当有轴带动齿轮、皮带轮工作时需要用键连接，同时轴在转动时用轴承进行支撑。

通过本项目的学习，掌握螺栓连接的画法，了解螺柱、螺钉连接的画法，并在此基础上进行识读各种螺纹连接图；识读销、键连接图和轴承装配图，能熟练查出各标准件的尺寸；

最重要的是掌握装配图中的规定画法。

任务1 识读螺栓连接图

布置任务

螺栓连接是部件和管件连接中的常用连接方式，通过本任务的学习，了解标准件的种类，学习装配图中的规定画法。

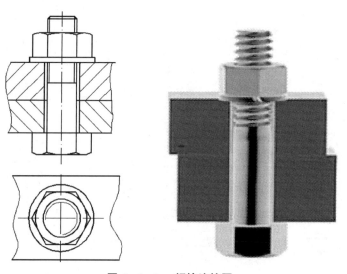

图4-1-1 螺栓连接图

相关知识

一、螺纹紧固件

1. 种类：常用的螺纹紧固件有：螺栓、螺柱（也称双头螺柱）、螺钉、紧定螺钉、螺母和垫圈等，如图 4-1-2 所示。

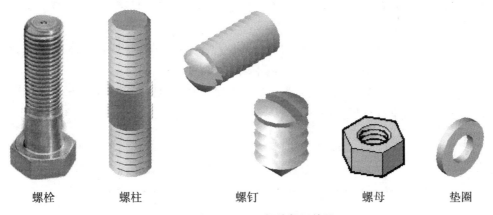

螺栓　　　　螺柱　　　　　螺钉　　　　　螺母　　　　垫圈

图 4-1-2　螺纹紧固件图

2. 结构表达：这些零件都已标准化，并由标准件厂大量生产，其结构形状和尺寸均可从有关标准中查出，因此，在一套完整的产品图样中，符合标准的螺纹紧固件，不需要再详细画出它们的零件图。

3. 标记：

(1) GB/T5783—2000 螺栓 M12×50：六角头螺栓，公称直径为 12，杆长为 50。

(2) GB/T6170—2000 螺母 M16：六角头螺母，螺孔公称直径为 16。

(3) GB/T97.1—2002 垫圈 16：公称规格为 16 mm，各参数都要查表。

(4) GB/T65—2000 螺钉 M12×50：开槽圆柱头螺钉，公称直径为 12，杆长为 50。

(5) GB/T899-2000 螺柱 AM12×50：两端均为粗牙螺纹的双头螺柱，公称直径为 12，杆长为 50。

1. 标准件进行标记时，都有标准号 GB/T（国家标准）字样，都可从标准中查到相关参数尺寸。

2. 当螺纹紧固件进行连接时，其公称直径相同。

二、螺纹连接的画法

1. 比例画法：为了提高绘图速度，画螺纹连接图时各部分的尺寸均与公称尺寸 d 建立一定的比例关系，按这些比例关系绘图称为比例画法。螺栓连接的比例画法如图 4-1-3 所示。

2. 比例画法中的计算公式：

（1）螺栓公称长度应按下式估算：$L = t_1 + t_2 + b + H + a$

式中：t_1、t_2为被连接件的厚度，$b = 0.15d$，$H = 0.8d$，$a = (0.3 \sim 0.4)\, d$，d为螺栓的公称直径。

用上式算出的 L 值应圆整，使其符合标准规定的长度系列。

（2）图中其它尺寸与 d 的比例关系：$d_0 = 1.1d$（为了装配工艺合理），$R = 1.5d$，$L_0 = (1.5 \sim 2)\, d$，$D = 2d$，$D_1 = 2.2d$，$R_1 = d$，$h = 0.7d$，s、r 由作图得出。

3. 画法规定：

（1）接触面和非接触面的画法规定：相邻的接触面和配合面只画一条轮廓线；非接触面无论间隙多小，必须画出两条线。

（2）剖面线的画法规定：相同的零件在不同的视图中，其倾斜方向和间隔必须保持一致；不同的零件其剖面线必须不同（方向不同或间隔不同）。

（3）特殊零件剖面线的画法规定：对于轴、手柄、连杆及标准件，若过轴线纵向剖切，这些零件不画剖面线；但横向剖切时，要画出剖面线。

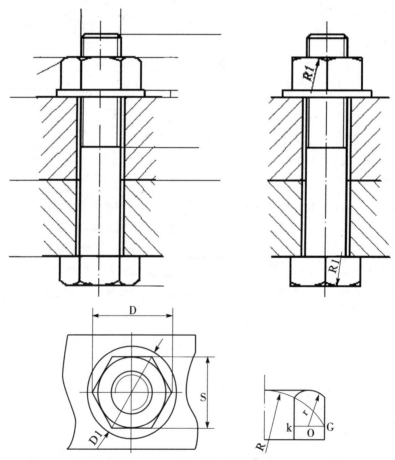

图 4-1-3　螺栓连接的画法

任务实施

一、根据已知条件，按比例画法绘制螺栓连接图。

已知：被连接件厚度：上 30 mm，下 22 mm

螺栓 M12 （GB/T5783—2000）

螺母 M12 （GB/T6175—2000）　　　　垫圈　12 （GB/T97.1—1985）

实施步骤

（一）计算：从已知中得 $d=12$

1. 被连接件上开孔直径：$d_0=1.1d=1.1 \times 12=13.2$

2. 螺栓

（1）杆长：$L=t_1+t_2+1.35d=30+22+1.35 \times 12=68.2$　　查表取系列：70

（2）螺纹长：$L_0=2d=2 \times 12=24$

（3）六角头：外接圆直径：$2d=2 \times 12=24$，高度：$0.7d=0.7 \times 12=8.4$，

大圆弧半径：$1.5d=1.5 \times 12=18$，小圆弧作图画出（在俯视图中画六边形，然后对正到主视图中）

3. 螺母　外接圆直径：$2d=2 \times 12=24$，高度 $0.8d=0.8 \times 12=9.6$

4. 垫圈　外圆直径：$2.2d=2.2 \times 12=26.4$　内圆直径：$1.1d=11 \times 12=13.2$

厚度 $0.15d=0.15 \times 12=1.8$

（二）绘图

1. 按尺寸绘制上（30）、下（22）连接板的主视和俯视图，连接板的长和宽可任意取出，这里上下连接板的接触面画一条直线；

2. 开孔：在主视图中按尺寸直径 13.2 绘制孔的形状，并在上、下连接板中画出方向不同的剖面线，但孔中不画剖面线，注意开孔中间的接触面直线要保留；

3. 在主视图中绘制螺栓螺杆的长度 70，这里注意螺杆挡住线条要擦掉，未挡住的部分仍保留；

4. 在主视和俯视图中绘制螺栓上的螺纹和螺纹倒角；

5. 在俯视和主视图中绘制螺栓上的六角头螺母；

6. 在俯视和主视图中绘制垫圈，注意将挡住的螺栓擦掉；

7. 在主视图中绘制六角头螺母，由于俯视图中与螺杆上的螺母重合，故不再画出，把螺母挡住的螺杆部分擦掉；

知识拓展

一、螺柱、螺钉连接的画法介绍

当被连接件之一比较厚，不适合钻成通孔时，可用螺钉或螺柱连接，它们的连接画法如图 4-1-4、4-1-5 所示。

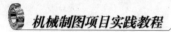

在装配图中可采用简化画法，螺母上的圆弧可省略。

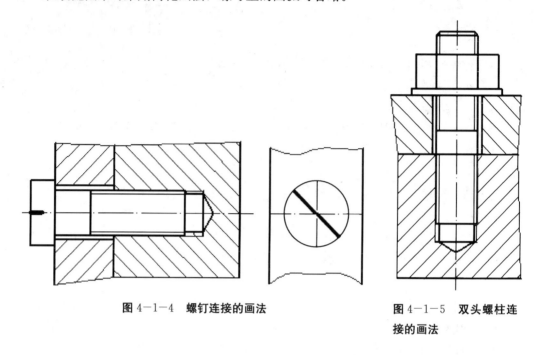

图 4—1—4　螺钉连接的画法　　　　　　　图 4—1—5　双头螺柱连接的画法

任务 2　识读其它标准件与常用件装配图

布置任务

本任务学习销、键连接的画法，了解轴承、弹簧的画法，为以后识读装配图打基础。

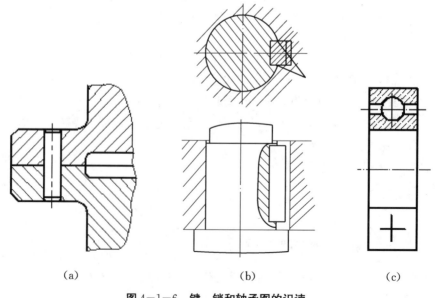

　　　　(a)　　　　　　　　　　(b)　　　　　　　　　　(c)

图 4—1—6　键、销和轴承图的识读

相关知识

一、工作图画法

键的两侧面是工作面，键侧面与轴、轮毂上的键槽侧面接触无间隙，键的底面与轴接触无间隙，画一条直线；键的顶面与轮毂上的键槽之间有间隙，画两条直线，如图 4 —1—7 所示。

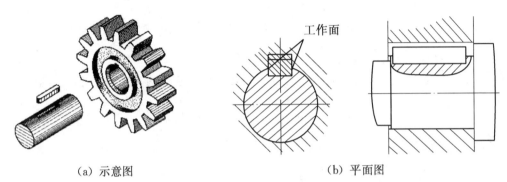

（a）示意图　　　　　　　　　　　　　　（b）平面图

图 4—1—7　键连接工作图

二、销

1. 种类：

圆柱销、圆锥销和开口销，

如图 4—1—8 所示。

（a）圆柱销　　　　　（b）圆锥销　　　　（c）开口销

图 4—1—8　常见销

2. 用途：主要用于零件之间的联结、定位或防松。

3. 标注：

销 GB/T　119.1　5m6×18：圆柱销，公称直径 1 mm，公差 m6，公称长度 18 mm

销 GB/T　117　10×60：圆锥销，公称直径 10 mm，公称长度 60 mm

销 GB/T　91　5×50：开口销，公称直径 1 mm，公称长度 50 mm

4. 工作图画法：

销是标准件，在使用和绘图时，可查表进行选用和绘制。

销的回转面与销孔配合，配合面处画一条直线。如图 4—1—9 所示。

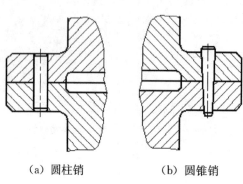

(a) 圆柱销　　　　(b) 圆锥销

图4-1-9　销连接的画法　　　　图4-1-10　销孔的尺寸标注

　　用销连接或（定位）的两个零件，它们的销孔一般是在装配时同时加工的，以保证相互位置的准确性。因此在零件图上标注销孔尺寸时，应注明"配作"字样，如图4-1-12所示。

三、滚动轴承

　　1. 用途：支承轴旋转的部件，减小轴与孔相对旋转时的摩擦力。

　　2. 种类：

　　向心轴承（主要承受径向载荷，如深沟球轴承）、推力轴承（主要承受轴向载荷，如推力球轴承）、向心推力轴承（同时承受径向和轴向载荷，如圆锥滚子轴承），如图4-1-11所示。

(a) 深沟球轴承　　　　(b) 推力球轴承　　　　(c) 圆锥滚子轴承

图4-1-11　滚动轴承

　　3. 标注：

　　用字母加数字表示轴承的结构、尺寸、公差等级、技术性能等特征，这种代号称为轴承代号。轴承代号由基本代号、前置代号和后置代号三部分构成，其排列顺序为：

　　　　　　前置代号　　基本代号　　后置代号

　　轴承的基本代号由：轴承类型代号、尺寸系列代号和内径代号构成，其排列顺序为：

　　　　　　类型代号　　尺寸系列代号　　内径代号

　　如：6206　（从左到右）6表示深沟球轴承，2表示直径系列，06表示内径代号，具体尺寸可查表得知。

4. 工作图规定画法：如图 4-1-12 所示。

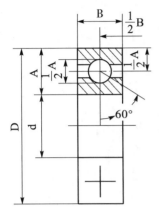

（a）深沟球轴承 6000 型

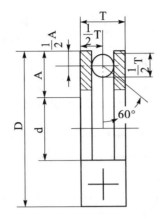

（b）推力球轴承 51000 型

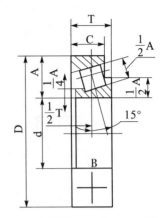

（c）圆锥滚子轴承 30000 型

图 4-1-12　滚动轴承的画法

任务实施

一、识读图 4-1-6（a）键连接装配图

1. 图中零件的数量：从主视图中剖面线的可以看出，有三种零件装配在一起；

2. 键在装配图中的画法

（1）从俯视图中可以看出：当剖切面通过键的纵向对称面时，键按不剖绘制，

（2）从主视图中看出：当剖切面垂直于轴线横向剖切时，键画出剖面线，

（3）键的倒角和圆角省略不画；

二、识读图 4-1-13 轴承装配图

1. 图中零件的数量：

从主视图中剖面线的可以看出，有六种零件装配在一起，图中有轴承、螺钉两种标准件；

2. 识读图中尺寸：轴承内孔直径为 $\varnothing30K6$，外径为 $\varnothing62f11$，$\varnothing62J7/f11$ 为轴承外径与被连接件的配合尺寸，$\varnothing62J7$ 为被连接件孔的尺寸。

3. 识读图中画法：

左右两螺钉只画一个为简化画法，轴、螺钉不画剖面线为规定画法，密封圈不同的材质用特殊的剖面符号表示。

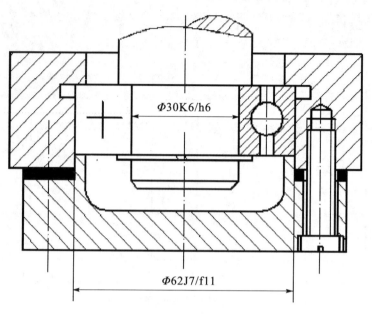

图 4－1－13　滚动轴承装配图

知识拓展

一、弹簧的画法介绍

1. 种类和用途：

弹簧是一种常用件，一般用在减振、夹紧、自动复位、测力和贮存能量等方面；其种类很多，常见的是螺旋弹簧，如图 4－1－14 所示。

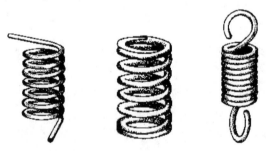

图 4－1－14　螺旋弹簧的种类

2. 螺旋弹簧的规定画法：

（1）单个弹簧的画法：其视图画法如图 4－1－15 所示。

（2）装配图中弹簧的画法：有剖视图的画法和示意画法，如图 4－1－16 所示。

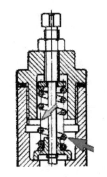
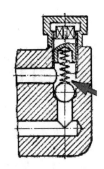

图 4—1—15 单个螺旋弹簧的画法　　　图 4—1—16 螺旋弹簧在装配图中的画法

项目一　评价

一、个人评价

评价项目	项目内容	掌握程度		
		了解（5分）	掌握（7分）	应用（10分）
标准件的种类				
标准件尺寸的查阅方法				
常用件的种类				
螺栓连接的画法中有哪些规定画法				
螺栓连接的画法中的注意事项				
销的种类及作用				
键的种类及作用				
轴承的种类及作用				

二、小组评价

三、教师评价

项目二　识读齿轮油泵装配图

生产出的零件要按装配图的要求装配后才能实现设备的功用，识读装配图的方法和

步骤是中职生需要掌握的一种基本技能。

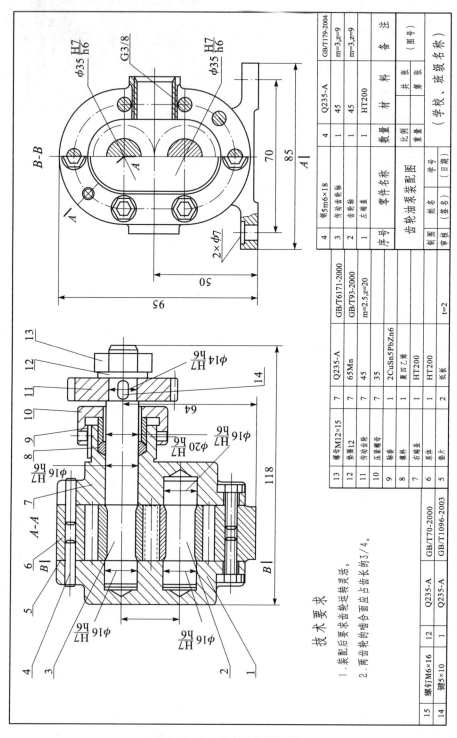

图 4-2-1　齿轮油泵装配图

170

任务1　识读齿轮油泵装配图的内容及画法

布置任务

了解装配图的概念、作用，弄清装配图中具有哪些内容，掌握装配图常用画法有哪些画法，学会装配图绘制的方法和步骤。

相关知识

一、装配图的概念与作用

1. 概念：表示机器性能、工作原理、装配关系，指导安装、调整、维护和使用机器的图样。

2. 机器设计和制造流程：

（1）设计：装配图→零件图

（2）制造：加工零件→装配体

3. 作用：机器设计、制造、使用、维护和技术交流的重要技术文件。

二、装配图的内容

1. 一组视图：表达机器或部件的工作原理、零件的主要结构形状、传动路线、连接方

式、零件之间的相互位置和装配关系。

2. 必要的尺寸：标注反映机器或部件的规格（性能）尺寸、安装尺寸、装配尺寸、总体尺寸及其它重要尺寸。

3. 技术要求：用文字或符号标注出该机器或部件的质量、装配、检验、调试和使用的要求、规则和说明等。

4. 零件序号：按一定顺序和形式对装配图上的零件或部件进行编号。

5. 明细栏和标题栏：明细栏中填写零件的序号、名称、数量、材料等内容，以便读图、图样管理及进行生产准备生产组织工作；标题栏中填写机器或部件的名称比例及有关工作人员的签字等内容。

三、装配图的表达方法

1. 一般表达方法：零件图的表达方法都适用于装配图的表达方法。

2. 特殊表达方法：

（1）拆卸画法

在画装配图中某一视图时，当有一个或几个零件遮住了需要表达的结构或装配关系时，可以假想拆去一个或几个零件后，再画出某一视图，这种画法称为拆卸画法。采用拆卸

画法时，应在视图的上方标出"拆去××"等字样，如图4-2-2（a）左视图所示。

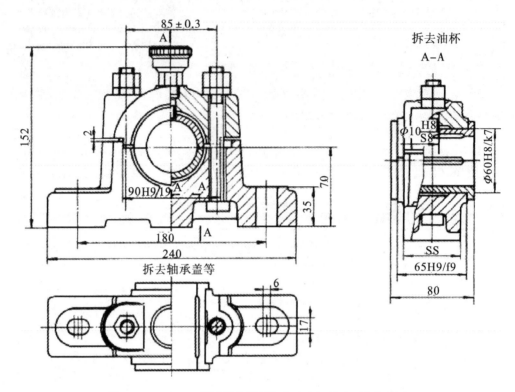

图4-2-2（a）　滑动轴承的拆卸画法和沿结合面剖切画法

（2）沿结合面剖切画法

在画装配图中的某一视图时，可以选取某些零件间的结合面作为剖切面进行剖切，相当于把剖切面一侧的零件拆去，然后画出剖视图，这时，结合面上不画剖面线，但对于某些假想剖切到的零件，应画出剖面线，如图4-2-2（a）俯视图所示。

图4-2-2（b）　滑动轴承爆炸图

（3）夸大画法

对于薄片类的零件或实际尺寸小于 2 mm 的间隙，为了表达清楚可不按比例，适当加大画出，如图 4-2--1 所示螺栓中的螺纹画法。

（4）假想画法

在装配图中为了表达极限位置或表达与本部件有装配关系但又不属于它的相邻零部件时，均可用双点画线画出其轮廓。如图 4-2-3 所示。

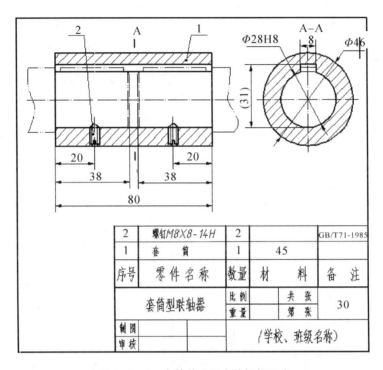

图 4-2-3　套筒装配图中的假想画法

（5）单独表达某个零件

在装配图中，当某个零件没有表达清楚时，可以单独画出该零件的某一视图，采用这种表达方法时，必须在该视图的正上方注写"零件××向"，并且在相应的视图附近用箭头表明投影方向和注写相同的字母，如图 4-2-4 所示件 3 的表达方法。

（6）简化画法

在装配图中，零件的部分工艺结构允许省略不画；对于若干个相同的零部件组，可详细画出一组，其余用点画线表示出中心位置。

1. 对于螺栓、轴承等一些标准件，在装配图中均采用简化画法；

2. 在装配图中用粗实线表示带传动中的带，用细点画线表示链传动中的链；

3. 在能够清楚表达产品特征和装配关系的条件下，装配图中可以仅画出其简化后的轮廓。

3. 规定画法：与螺栓连接中的规定画法相同。

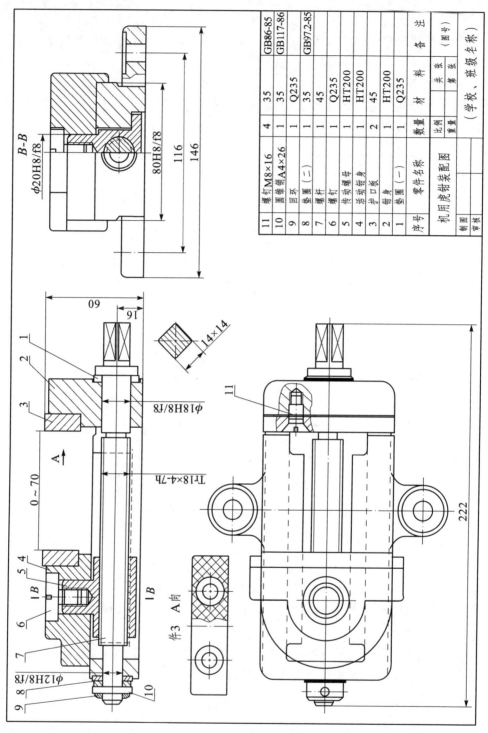

图 4-2-4　机用虎钳装配图

四、读装配图的基本要求

1. 了解机器或部件的名称、规格、性能、用途及工作原理；

174

2. 了解各组成零件的相对位置、装配关系；

3. 了解各零件的主要结构形状和在机器或部件中的作用；

4. 了解各零件的拆装顺序；

5. 能从装配体中正确拆画零件图。

五、识读装配图的方法和步骤

1. 概括了解

(1) 了解标题栏：从标题栏中了解装配体的名称、比例和大致的用途。

阀类是用来控制流量起开关作用的，虎钳是用来装夹工件的，减速器是在传动系统中起变速和变向作用的，各种泵是在气压、液压或润滑系统中产生一定压力和流量的装置。

(2) 了解明细栏：从明细栏中可了解到标准件和专用件的名称、数量以及专用件的材料、热处理等到要求。

(3) 初步看视图：分析表达方法和各视图间的关系，弄清各视图的表达重点。

2. 了解工作原理和装配关系

在一般了解的基础上，结合有关说明书，仔细分析机器或部件的工作原理和装配关系，这是看装配图的一个重要环节，分析各装配干线，弄清零件相互的配合、定位、连接方式。此外对运动零件的润滑、密封形式也要有所了解。

3. 分析视图，看懂零件的结构形状

常用方法有三种：

(1) 利用剖面线的方向和间隔来分析，同一零件的剖面线在各视图中方向一致，间隔相等。

(2) 利用画法规定来分析，如实心件在装配图中规定沿轴线方向剖切可不画剖面线，据此能很快地将丝杆、螺钉、键、销等到零件区分开来，

(3) 利用零件序号，对照明细栏来分析。

4. 分析尺寸和技术要求

(1) 分析尺寸：找出装配图中的性能尺寸、装配尺寸、安装尺寸、总体尺寸和其它重要尺寸。

(2) 技术要求：了解对装配体提出的装配、检验和使用要求。

任务实施

一、识读图 4-2-1 齿轮油泵装配图中的画法

齿轮油泵的装配示意图如图 4-2-5 所示。

1. 装配图共用了 2 个视图，分别是主视图和左视图，其中主视图采用旋转剖视，它将油泵的内部结构特点、零件之间的装配和连接关系大部分都表达出来，同时还简洁地表达了齿轮油泵的外部形状。左视图采用了以折代剖的画法，由于前后对称，采用了

半剖视图，清楚地表达齿轮啮合和齿轮与泵体之间的装配关系，左视图中还有两处局部剖，用来表达进出油口和安装孔。这里的表达方法许多与零件图的表达方法类似。

图 4-2-5　齿轮油泵装配示意图

2. 齿轮油泵的传动关系：齿轮油泵的动力从传动齿轮 11 输入，通过键 ＿ 14 将扭矩传递给主动传动齿轮轴 3，再通过齿轮啮合带动从动齿轮轴 2 转动。

3. 齿轮油泵的工作原理：当主动传动齿轮 3 和从动齿轮 2 在泵体内做啮合运动时，两齿轮的齿槽不断地将进油口中的油输送到出油口，这样，进油口内的压力降低而产生局部真空，油池内的油在大气压的作用下不断地进入进油口。而出油口内由于油量的不断增加，压力升高，齿轮油泵就可以把油经出油口输送到机器所需要的部位。

4. 齿轮油泵的装配关系：齿轮油泵的内腔容纳一对传动齿轮。将传动齿轮轴 3 和齿轮轴 2 装入泵体 6 后，两侧有左端盖 1 和右端盖 7 支撑这一对齿轮轴做旋转运动；用销 4 将左右端盖与泵体定位后，再用螺钉 15 紧固；为防止泵体 6 与左、右端盖结合 面处和传动齿轮轴的伸出端漏油，分别采用了垫片 5、填料 8、轴套 9、压紧螺母 10 进行密封。

知识拓展

一、装配图的绘制步骤

1. 视图选择要求

（1）完全：部件的功用、工作原理、装配关系及安装关系等内容表达要完全。

（2）正确：视图、剖视、规定画法及装配关系的表达方法要正确，符合国标规定。

（3）清楚：读图时清楚易懂。

2. 视图选择的步骤和方法

（1）部件分析：工作原理，结构（配合关系、联接固定关系和相对位置关系）。

（2）选择主视图：一般原则是要符合工作位置，清楚地表达部件的工作原理、主要的

装配关系或其结构特征。

（3）配置其它视图：主视图没有表达清楚的装配关系和传动路线，可根据需要配置其它视图。

3. 装配图的绘制步骤

（1）确定图幅，布置视图；

（2）画主要装配线，按装配顺序逐一画出主要装配线上的零件，注意画某一零件时，在各视图中的形状位置画完整，再画另外一个零件；

（3）画其它装配线上的零件；

（4）画出某些细小结构，检查，加粗图线，画剖面线，标注尺寸，对零件进行编号，书写技术要求，完成装配图。

任务 2　识读齿轮油泵装配图的尺寸和技术要求

布置任务

一、装配图中的尺寸种类有哪些？

二、装配图中技术要求有哪些内容？

三、装配图和零件图中的尺寸标注、标注技术要求有什么区别？

相关知识

一、装配图的尺寸标注

根据装配图的作用，标注出必要的尺寸，一般要标注出与装配体有关的规格性能尺寸、装配尺寸、外形尺寸、安装尺寸和其它重要尺寸。

1. 规格性能尺寸：是设计、了解和选用产品的一个重要依据，在画图前就已经确定，如图 4-2-4 机用虎钳的 0~70 尺寸，表明该部件加工零件的尺寸范围。

2. 装配尺寸：包括两部分：一是零件间的配合尺寸，另一是零件间的相对位置尺寸，如图 4-2-4 中的螺杆与钳身的配合尺寸 $\varnothing 18H8/f8$，图 4-2-2 中的 85 ± 0.3。

3. 安装尺寸：机器或部件安装时所需的尺寸，如图 4-2-4 中的 116。

4. 外形尺寸（总体尺寸）：表示机器或部件外形轮廓的大小，即总长、总宽和总高。它为包装、运输和安装的空间大小提供数据。如图 4-2-4 中的 222、146 和 60。

5. 其它重要尺寸：指在设计时确定的不属于上述几类尺寸的其它重要尺寸，如主体零件的重要尺寸，运动零件的极限尺寸等。

二、装配图中的零件编号、明细栏和技术要求

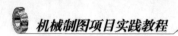

1. 序号编写方法：画黑点，用细实线画指引线，横线或圆，标数字。如图 4-2-6 所示。

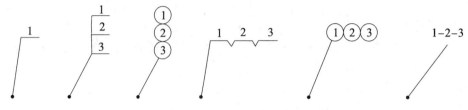

图 4-2-6　序号编写方法

2. 明细栏的画法：明细栏画在标题栏的上方，位置不够时可画在标题栏的左侧，其尺寸见图 1-1-3 所示。明细栏中的序号要与图中序号一致。

1. 黑点要画在零部件的轮廓内，对于不适合画黑点的零件用箭头指向其轮廓。

2. 指引线不能相交，也尽量避免与剖面线平行，必要时允许引线转折一次。

3. 对于一组紧固件以及装配关系清楚的零件，允许采用公共指引线。

4. 序号应编注在视图周围，按顺时针或逆时针方向依次排列，在水平或垂直方向要排列整齐，数字的字号要比装配图中尺寸数字大一号或两号。

3. 技术要求的书写内容：

不同装配体有不同的技术要求，应作具体分析，一般应从以下三方面考虑：

(1) 装配要求：装配后必须保证的精度，装配时安装说明，装配时其它说明。

(2) 检验要求：基本性能的检验方法和要求，装配后必须达到的精度检验说明，其它检验要求。

(3) 使用要求：对装配体基本性能、维护、保养的要求，以及使用操作时的注意事项。

任务实施

一、识读图 4-2-1 齿轮油泵装配图中的尺寸和技术要求

1. 齿轮油泵的配合关系：传动齿轮轴 3 和齿轮轴 2 轮齿的齿顶与泵体 6 的内腔壁之间的配合尺寸是 $\varnothing 35H7/h6$ ，传动齿轮轴 3 和齿轮轴 2 左右两端的轴颈与左右端盖的孔之间的配合尺寸为 $\varnothing 16H7/h6$ ，传动齿轮轴 3 和传动齿轮 11 的孔之间的配合尺寸为 $\varnothing 14 H7/h6$ 。

2. 两齿轮中心距的要求为 29 ± 0.02 ，齿轮油泵的安装尺寸为 70，外形尺寸为 118、85、95，齿轮油泵的规格性能尺寸为 G3/8 。从这些尺寸可以看出，齿轮油泵是一个体积不大、结构比较简单的部件。

3. 齿轮油泵安装时的技术要求有哪些？

(1) 安装后齿轮运转要灵活；

(2) 两齿轮的啮合面占齿长的 3/4。

项目二 评价

一、个人评价

评价项目	项目内容	掌握程度		
		了解（5分）	掌握（7分）	应用（10分）
装配图的概念和作用				
装配图的内容				
装配图常用画法有哪些				
装配图绘制的方法和步骤				
识读装配图的要求有哪些				
装配图中的尺寸种类有哪些				
装配图中技术要求有哪些内容				
装配图和零件图的尺寸标注、技术要求有什么区别				

二、小组评价

三、教师评价

项目三 第三角画法

项目描述

　　用正投影法绘制工程图样时，有第一角投影法和第三角投影法两种画法（又称"第一角画法"和"第三角画法"）。国际标准 ISO 规定这两种画法具有同等效力。我国国标规定：技术图样用正投影法绘制，并优先采用采用第一角画法，必要时（如按合同规定等）才允许使用第三角画法。除中国外，英国、德国和俄罗斯等国家采用第一角画法，美国、日本、新加坡等国家及某些企业采用第三角画法。为了便于进行国际间的技术交流和发展国际贸易，了解第三角画法是很有必要的。掌握第三角画法与第一角画法之间的相互转化也是至关重要的。如下图 4－3－1 所示：

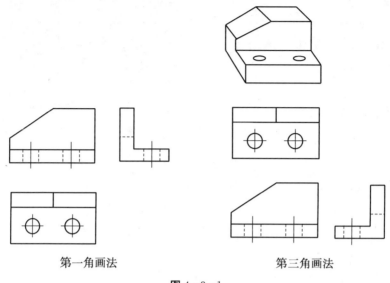

第一角画法　　　　　　　　　　　第三角画法

图 4－3－1

任务1　第三角画法的基本知识

布置任务

图 4－3－2（a）为组合体的立体图，图 4－3－2（b）为第三角画法的六个基本视图，要求：写出各个基本视图的名称，并将其转化为第一角画法的六个基本视图。

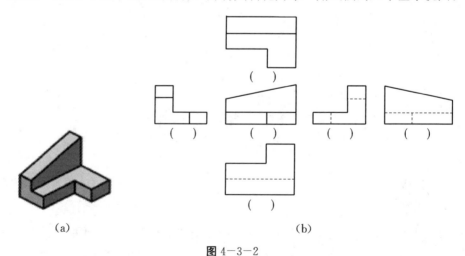

（a）　　　　　　　　　　　　　　　（b）

图 4－3－2

一、第三角投影体系的建立

1. 第三角投影法的概念：

如图所示，由三个互相垂直相交的投影面组成的投影体系，把空间分成了八部分，每一部分为一个分角，依次为Ⅰ、Ⅱ、Ⅲ、Ⅳ、Ⅴ、Ⅵ、Ⅶ、Ⅷ分角。将机件放在第一分角内，使其处于观察者与投影面之间而得到正投影称为第一角画法。而将机件放在第三分角内，投影面处在观察者与机件之间，把投影面假设看成是透明的，仍然采用正投影法，这样得到的视图称为第三角投影，这种方法称为第三角投影法或第三角画法。

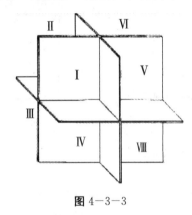

图4-3-3

2. 第三角画法与第一角画法的区别是：

人（观察者）、物（机件）、图（投影面）的位置关系不同。

（1）采用第一角画法时，是把物体放在观察者与投影面之间，从投影方向看是"人、物、图"的关系，如图4-3-4所示：

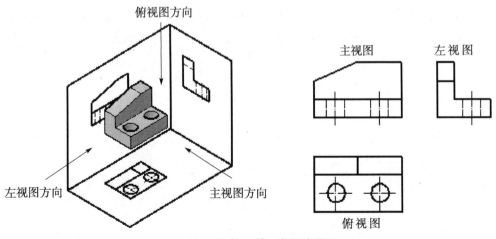

图4-3-4 **第一角画法原理**

（2）而采用第三角画法时，是把投影面放在观察者与物体之间，从投影方向看是

"人、图、物"的关系，如图4-3-5所示。投影时就好象隔着"玻璃"看物体，将物体的轮廓形状印在"玻璃"（投影面）上。

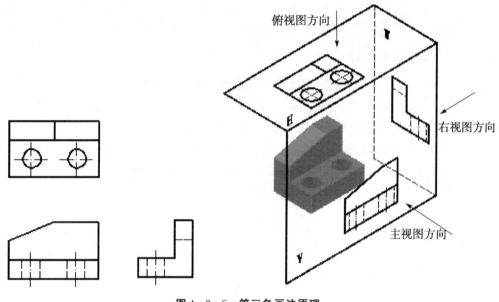

图4-3-5　第三角画法原理

二、第三角画法的视图配置

　　采用第三角画法时，从前面观察物体在 V 面上得到的视图称为主视图；从上面观察物体在 H 面上得到的视图称为俯视图；从右面观察物体在 W 面上得到的右视图。各投影面的展开方法是：V 面不动，H 面向上旋转 90°，W 面向右旋转 90°，使三投影面处于同一平面内，如图4-3-6所示。展开后三视图的配置关系如图4-3-5所示。

　　采用第三角画法时也可以将物体放在正六面体中，分别从物体的六个方向向各投影面进行投影，得到六个基本视图，即在三视图的基础上增加了后视图（从后往前看）、左视图（从左往右看）、仰视图（从下往上看）。展开后六个基本视图的配置关系如图4-3-7所示。

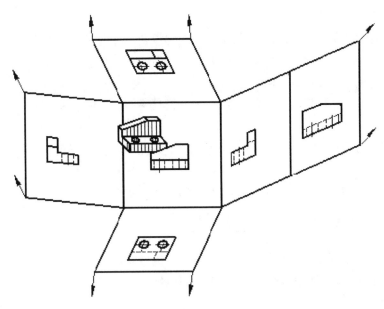

图 4—3—6　第三角画法投影面展开

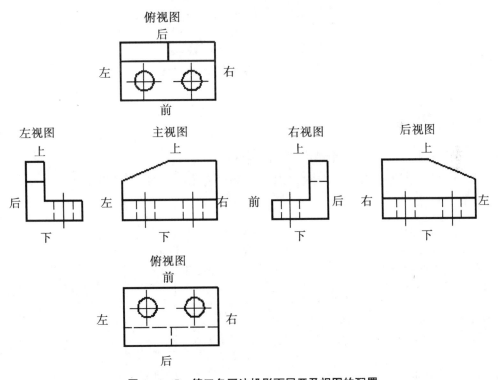

图 4—3—7　第三角画法投影面展开及视图的配置

三、第三角画法和第一角画法的比较

1. 共同点：

(1) 投影原理相同，投影方向总是指向投影面。

(2) 以观察者为准确定前后、左右、上下方位（距观察者近为前，远为后）。

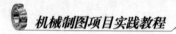

（3）以观察者为准命名视图名称。

（4）投影面展开方法相同：V 面不动，相邻投影面绕与 V 面交线旋转到 V 面上。

（5）六个基本视图保持"长对正、高平齐、宽相等"的投影关系。

2. 不同点：

（1）物体与投影面前后置换，第一角画法是人、物、图；第三角画法是人、图、物。

（2）前后方位变化。第一角画法靠近主视图一侧为后；第三角画法靠近主视图一侧为前。

（3）投射方向变化；左、右视图及俯、仰视图配置变化。

四、第一角和第三角画法的识别符号

在国际标准中规定，可以采用第一角画法，也可以采用第三角画法。为了区别这两种画法，规定在标题栏中专设的格内用规定的识别符号表

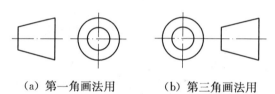

(a) 第一角画法用　　　　　(b) 第三角画法用

图 4-3-8　两种画法的识别符号

任务实施

1. 书写图 4-3-2 中各个基本视图的名称：

2. 将其第三角画法的六个基本视图转化为第一角画法的六个基本视图。

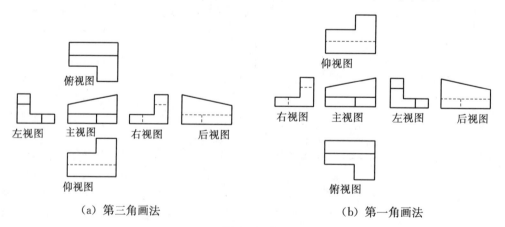

(a) 第三角画法　　　　　　　　　(b) 第一角画法

图 4-3-9

任务 2　识读第三角画法

布置任务

图 4-3-10 为第三角画法的主视图和俯视图，要求：补画右视图。

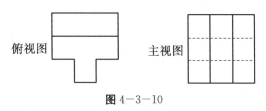

俯视图　　　　主视图

图 4-3-10

相关知识

一、第三角画法的识读要点

1. 识读视图各位置名称及投射方向

首先确定主视图的位置；然后再确定俯视图和右视图、左视图等；再确定内外结构形状。

2. 明确判断视图表达方位的方法

依据：第三角画法的六个基本视图的配置关系

注意：关键要领是：注意前方位的确定

3. 结合剖视图想象内部结构，按视图想象外部形状，并综合想象出机件整体形状识读时，按线框、对应关系来想象机件每部分形状的方位。

二、补画第三角画法的俯视图

作图步骤：

1. 将第三角画法还原成第一角画法
2. 根据两视图想出模型
3. 按第一角画法补画俯视图
4. 转化为第三角画法

三、识读零件图、装配图的第三角画法

其要求方法步骤与第一角画法相同，这里不再缀述。

任务实施

1. 已知图 4-3-10 第三角画法的主视图和俯视图，要求：补画右视图。

作图步骤：

（1）将第三角画法还原成第一角画法：

（2）根据两视图想象出模型

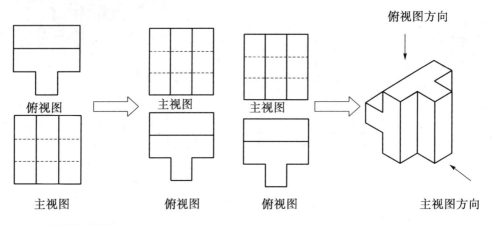

（3）补画左视图

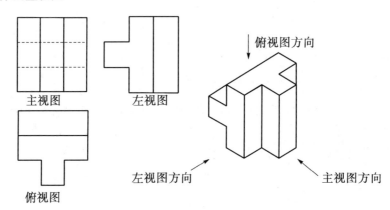

（4）画出右视图，并判断可见性

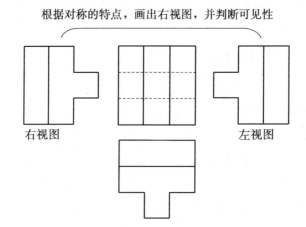

（5）转化成第三角画法

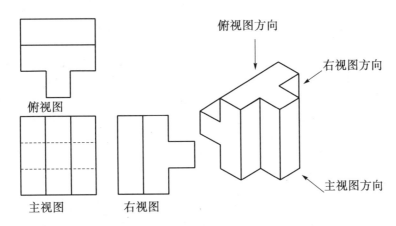

俯视图方向

右视图方向

俯视图

主视图方向

主视图　　　右视图

2. 识读第三角画法的视图并说明机件结构特点：

（1）形体分析：

该视图为三个基本体的组合体，基本体Ⅰ由半圆柱经三次切割而成；基本体Ⅱ为长方体，与半圆柱体Ⅲ相结合，在结合部位切除一个圆柱孔。

（2）视图分析：主视图和俯视图为基本视图，右视图为全剖视图。

（3）注意：右视图左侧表示主视图的前面，右侧表示主视图后面。

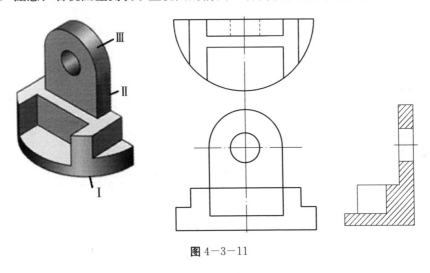

图 4-3-11

项目三　评价

一、个人评价

评价项目	项目内容	掌握程度		
		了解（5分）	掌握（7分）	应用（10分）
第三角投影法的概念和形成				
第三角画法的三视图名称和配置关系				

续表

评价项目	项目内容	掌握程度		
		了解（5分）	掌握（7分）	应用（10分）
第三角画法基本视图的配置关系				
第一角和第三角画法的识别符号				
第三角和第一角画法的六个基本视图相互转化的规律				
第三角画法的识读要点				
采用第三角画法补画第三视图的作图步骤				
第一角与第三角画法的区别				

二、小组评价

三、教师评价

附表 1　普通螺纹牙型、直径与螺距(摘自 GB/T 192—2003, GB/T 193—2003)

D —— 内螺纹基本大径(公称直径)
d —— 外螺纹基本大径(公称直径)
D_2 —— 内螺纹基本中径
d_2 —— 外螺纹基本中径
D_1 —— 内螺纹基本小径
d_1 —— 外螺纹基本小径
P —— 螺距
H —— 原始三角形高度

标记示例:
M10(粗牙普通螺纹、公称直径 $d=10$、右旋、中径及大径公差带代号均为 6g、中等旋合长度)　　　　(单位:mm)

公称直径 D、d			螺 距 P	
第一系列	第二系列	第三系列	粗牙	细牙
4	3.5		0.7	0.5
5			0.8	0.5
		5.5		0.75
6			1	0.75
	7		1	0.75
8			1.25	1,0.75
		9	1.25	1,0.75
10			1.5	1.25,1,0.75
		11	1.5	1.5,1,0.75
12			1.75	1.25,1
	14		2	1.5,1.25,1
		15		1.5,1
16			2	1.5,1
		17		1.5,1
	18		2.5	2,1.5,1
20			2.5	2,1.5,1
	22		2.5	
24			3	2,1.5,1
		25		
		26		1.5
	27		3	2,1.5,1
		28		2,1.5,1
30			3.5	(3) ,2,1.5,1
		32		2,1.5
	33		3.5	(3) ,2,1.5
		35		1.5
36			4	3,2,1.5
		38		1.5
	39			3,2,1.5

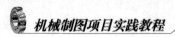
附表2　六角头螺栓

六角头螺栓—A级和B级(GB/T 5782—2000)

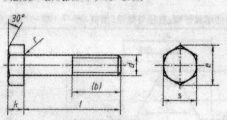

标记示例：螺栓 GB/T 5782 M6×30

螺纹规格 d＝M6，公称长度 l＝30mm，性能等级为8.8级，表面氧化的A级六角头螺栓

(单位：mm)

螺纹规格 d		M5	M6	M8	M10	M12	M16	M20	M24	M30	M36	M42	M48
$b_{参考}$	$l\leqslant 125$	16	18	22	26	30	38	40	54	66	78	—	—
	$125<l\leqslant 200$	22	24	28	32	36	44	52	60	72	84	96	108
	$l>200$	35	37	41	45	49	57	65	73	85	97	109	121
$k_{公称}$		3.5	4.0	5.3	6.4	7.5	10	12.5	15	18.7	22.5	26	30
s_{max}		8	10	13	16	18	24	30	36	46	55	65	75
e_{min}	A	8.79	11.05	14.38	17.77	20.03	26.75	33.53	39.98	—	—	—	—
	B	8.63	10.89	14.20	17.59	19.85	26.17	32.95	39.55	50.85	60.79	71.30	82.6
l 范围	GB/T 5782 —2000	25 ~50	30 ~60	35 ~80	40 ~100	45 ~120	55 ~160	65 ~200	80 ~240	90 ~300	110 ~300	160 ~420	180 ~480
l 系列		10、12、16、20 ~50(5 进位)、(55)、60、(65)、70 ~160(10 进位)、180、220 ~500(20 进位)											

附表3 双头螺柱

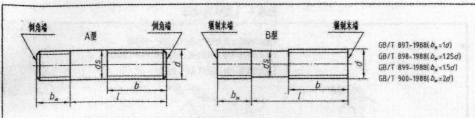

GB/T 897-1988($b_m = 1d$)
GB/T 898-1988($b_m = 125d$)
GB/T 899-1988($b_m = 1.5d$)
GB/T 900-1988($b_m = 2d$)

标记示例:螺柱 GB/T 897 M8×30
两端均为粗牙普通螺纹,$d = 8\text{mm}$,$l = 30\text{mm}$,性能等级为 4.8 级,不经表面处理的 B 型、$b_m = 1d$ 的双头螺柱
若为 A 型,则标记为:螺柱 GB/T 897 A M8×30

(单位:mm)

螺纹规格 d	b_m(旋入机体端长度)				l/b(螺纹长度/旋螺母端长度)				
	GB/T 897	GB/T 898	GB/T 899	GB/T 900					
M4	—	—	6	8	$\dfrac{16 \sim 22}{8}$	$\dfrac{25 \sim 40}{14}$			
M5	5	6	8	10	$\dfrac{16 \sim 22}{10}$	$\dfrac{25 \sim 50}{16}$			
M6	6	8	10	12	$\dfrac{20 \sim 22}{10}$	$\dfrac{25 \sim 30}{14}$	$\dfrac{32 \sim 75}{18}$		
M8	8	10	12	16	$\dfrac{20 \sim 22}{12}$	$\dfrac{25 \sim 30}{16}$	$\dfrac{32 \sim 90}{22}$		
M10	10	12	15	20	$\dfrac{25 \sim 28}{14}$	$\dfrac{30 \sim 38}{16}$	$\dfrac{40 \sim 120}{26}$	$\dfrac{130}{32}$	
M12	12	15	18	24	$\dfrac{25 \sim 30}{16}$	$\dfrac{32 \sim 40}{20}$	$\dfrac{45 \sim 120}{30}$	$\dfrac{130 \sim 180}{36}$	
M16	16	20	24	32	$\dfrac{30 \sim 38}{20}$	$\dfrac{40 \sim 55}{30}$	$\dfrac{60 \sim 120}{38}$	$\dfrac{130 \sim 200}{44}$	
M20	20	25	30	40	$\dfrac{35 \sim 40}{25}$	$\dfrac{45 \sim 65}{35}$	$\dfrac{70 \sim 120}{46}$	$\dfrac{130 \sim 200}{52}$	
(M24)	24	30	36	48	$\dfrac{45 \sim 50}{30}$	$\dfrac{55 \sim 75}{45}$	$\dfrac{80 \sim 120}{54}$	$\dfrac{130 \sim 200}{60}$	
(M30)	30	38	45	60	$\dfrac{60 \sim 65}{40}$	$\dfrac{70 \sim 90}{50}$	$\dfrac{95 \sim 120}{66}$	$\dfrac{130 \sim 200}{72}$	$\dfrac{210 \sim 250}{85}$
M36	36	45	54	72	$\dfrac{65 \sim 75}{45}$	$\dfrac{80 \sim 110}{60}$	$\dfrac{120}{78}$	$\dfrac{130 \sim 200}{84}$	$\dfrac{210 \sim 300}{97}$
M42	42	52	63	84	$\dfrac{65 \sim 80}{50}$	$\dfrac{85 \sim 110}{70}$	$\dfrac{120}{90}$	$\dfrac{130 \sim 200}{96}$	$\dfrac{210 \sim 300}{109}$
M48	48	60	72	96	$\dfrac{80 \sim 90}{50}$	$\dfrac{95 \sim 110}{80}$	$\dfrac{120}{102}$	$\dfrac{130 \sim 200}{108}$	$\dfrac{210 \sim 300}{121}$
l 系列	12、(14)、16、(18)、20、(22)、25、(28)、30、(32)、35、(38)、40、45、50、55、60、(65)、70、75、80、(85)、90、(95)、100~260(10 进位)、280、300								

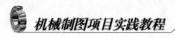
附表4　I型六角螺母

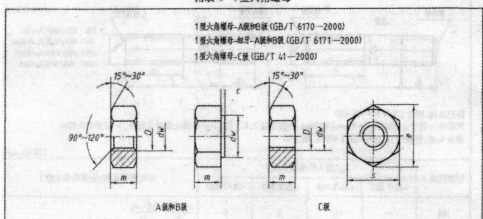

1型六角螺母-A级和B级（GB/T 6170—2000）

1型六角螺母-细牙-A级和B级（GB/T 6171—2000）

1型六角螺母-C级（GB/T 41—2000）

A级和B级　　　　　　　　C级

标记示例：螺母 GB/T 6170 M8

螺纹规格 D=M12、性能等级为8级、不经表面处理的I型六角螺母

（单位：mm）

螺纹规格	D	M4	M5	M6	M8	M10	M12	M16	M20	M24	M30	M36	M42	M48
	$D \times P$	—	—	—	M8×1	M10×1	M12×1.5	M16×1.5	M20×2	M24×2	M30×2	M36×3	M42×3	M48×3
C		0.4	0.5				0.6				0.8			1
S_{max}		7	8	10	13	16	18	24	30	36	46	55	65	75
e_{min}	A、B级	7.66	8.79	11.05	14.38	17.77	20.03	26.75	32.95	39.95	50.85	60.79	72.02	82.6
	C级	—	8.63	10.89	14.2	17.59	19.85	26.17						
m_{max}	A、B级	3.2	4.7	5.2	6.8	8.4	10.8	14.8	18	21.5	25.6	31	34	38
	C级	—	5.6	6.1	7.9	9.5	12.2	15.9	18.7	22.3	26.4	31.5	34.9	38.9
$d_{w\,min}$	A、B级	5.9	6.9	8.9	11.6	14.6	16.6	22.5	27.7	33.2	42.7	51.1	60.6	69.4
	C级	—	6.9	8.7	11.5	14.5	16.5	22						

附表5 垫圈

小垫圈 —— A级 (摘自GB/T 848—2002)
平垫圈 —— A级 (摘自GB/T 97.1—2002)
平垫圈 倒角型 —— A级 (摘自GB/T 97.2—2002)
平垫圈 —— C级 (摘自GB/T 95—2002)
大垫圈 —— A级 (摘自GB/T 96.1—2002)
特大垫圈 —— C级 (摘自GB/T 5287—2002)

标记示例：垫圈 GB/T 97.18
标准系列,公称尺寸 $d=8mm$,性能等级为140HV,不经表面处理的A级平垫圈   (单位:mm)

公称尺寸(螺纹规格)d	标准系列 GB/T 95 (C级) $d_1 min$	$d_2 max$	h	GB/T 97.1 (A级) $d_1 min$	$d_2 max$	h	GB/T 97.2 (A级) $d_1 min$	$d_2 max$	h	特大系列 GB/T 5287 (C级) $d_1 min$	$d_2 max$	h	大系列 GB/T 96.1 (A级) $d_1 min$	$d_2 max$	h	小系列 GB/T 848 (A级) $d_1 min$	$d_2 max$	h
4	—	—	—	4.3	9	0.8	—	—	—	—	—	—	4.3	12	1	4.3	8	0.5
5	5.5	10	1	5.3	10	1	5.3	10	1	5.5	18	2	5.3	15	1.2	5.3	9	1
6	6.6	12	1.6	6.4	12	1.6	6.4	12	1.6	6.6	22	2	6.4	18	1.6	6.4	11	1.6
8	9	16	1.6	8.4	16	1.6	8.4	16	1.6	9	28	3	8.4	24	2	8.4	15	1.6
10	11	20	2	10.5	20	2	10.5	20	2	11	34	3	10.5	30	2.5	10.5	18	1.6
12	13.5	24	2.5	13	24	2.5	13	24	2.5	13.5	44	4	13	37	3	13	20	2
14	15.5	28	2.5	15	28	2.5	15	28	2.5	15.5	50	4	15	44	3	15	24	2.5
16	17.5	30	3	17	30	3	17	30	3	17.5	56	5	17	50	3	17	28	2.5
20	22	37	3	21	37	3	21	37	3	22	72	5	22	60	4	21	34	3
24	26	44	4	25	44	4	25	44	4	26	85	6	26	72	5	25	39	4
30	33	56	4	31	56	4	31	56	4	33	105	6	33	92	6	31	50	4
36	39	66	5	37	66	5	37	66	5	39	125	8	39	110	8	37	60	5
42①	45	78	8	—	—	—	—	—	—	—	—	—	45	125	10	—	—	—
48①	52	92	8	—	—	—	—	—	—	—	—	—	52	145	10	—	—	—

注:1. A级适用于精装配系列,C级适用于中等装配系列。
2. C级垫圈没有 $Ra3.2$ 和去毛刺的要求。
3. GB/T 848—2002 主要用于圆柱头螺钉,其他用于标准的六角螺栓、螺母和螺钉。
① 表示尚未列入相应产品标准的规格。

附表6　标准型弹簧垫圈（摘自 GB/T 93—1987）

标记示例：垫圈 GB/T 93 8
规格8mm，材料为65Mn，表面氧化的标准型弹簧垫圈

（单位：mm）

规格（螺纹大径）	4	5	6	8	10	12	16	20	24	30	36	42	48
$d_{1\,min}$	4.1	5.1	6.1	8.1	10.2	12.2	16.2	20.2	24.5	30.5	36.5	42.5	48.5
$S=b_{公称}$	1.1	1.3	1.6	2.1	2.6	3.1	4.1	5	6	7.5	9	10.5	12
$m\leqslant$	0.55	0.65	0.8	1.05	1.3	1.55	2.05	2.5	3	3.75	4.5	5.25	6
H_{max}	2.75	3.25	4	5.25	6.5	7.75	10.25	12.5	15	18.75	22.5	26.25	30

注：m应大于零。

附表7　螺钉

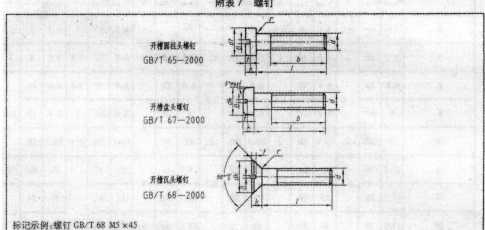

开槽圆柱头螺钉
GB/T 65—2000

开槽盘头螺钉
GB/T 67—2000

开槽沉头螺钉
GB/T 68—2000

标记示例：螺钉 GB/T 68 M5×45
螺纹规格 d = M5，公称长度 l = 45mm，性能等级为4.8级，不经表面处理的开槽沉头螺钉

（单位：mm）

螺纹规格 d	P	b_{min}	$n_{公称}$	k_{max} GB/T 65	GB/T 67	GB/T 68	$d_{k\,max}$ GB/T 65	GB/T 67	GB/T 68	t_{min} GB/T 65	GB/T 67	GB/T 68	$l_{范围}$ GB/T 65	GB/T 67	GB/T 68
M2	0.4	25	0.5	1.4	1.3	1.2	3.8	4	3.8	0.6	0.5	0.4	3~20	2.5~20	3~20
M3	0.5		0.8	2	1.8	1.65	5.5	5.6	5.5	0.85	0.7	0.6	4~30	4~30	5~30
M4	0.7		1.2	2.6	2.4	2.7	7	8	8.4	1.1	1	1	5~40	5~40	6~40
M5	0.8			3.3	3		8.5	9.5	9.3	1.3	1.2	1.1	6~50	6~50	8~50
M6	1	38	1.6	3.9	3.6	3.3	10	12	11.3	1.6	1.4	1.2	8~60	8~60	8~60
M8	1.25		2	5	4.8	4.65	13	16	15.8	2	1.9	1.8	10~80		
M10	1.5		2.5	6	6	5	16	23	18.5	2.4	2.4	2			

l 系列：2、2.5、3、4、5、6、8、10、12、(14)、16、20~50(5进位)、(55)、60、(65)、70、(75)、80

附表8 紧定螺钉

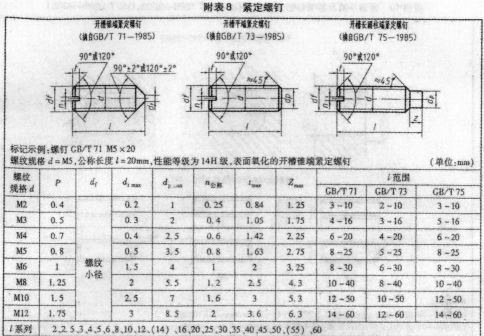

标记示例：螺钉 GB/T 71 M5×20

螺纹规格 d = M5，公称长度 l = 20mm，性能等级为14H级、表面氧化的开槽锥端紧定螺钉　　　　　（单位：mm）

螺纹规格 d	P	d_f	$d_{t\,max}$	$d_{p\,max}$	$n_{公称}$	t_{max}	Z_{max}	l 范围		
								GB/T 71	GB/T 73	GB/T 75
M2	0.4	螺纹小径	0.2	1	0.25	0.84	1.25	3~10	2~10	3~10
M3	0.5		0.3	2	0.4	1.05	1.75	4~16	3~16	5~16
M4	0.7		0.4	2.5	0.6	1.42	2.25	6~20	4~20	6~20
M5	0.8		0.5	3.5	0.8	1.63	2.75	8~25	5~25	8~25
M6	1		1.5	4	1		3.25	8~30	6~30	8~30
M8	1.25		2	5.5	1.2	2.5	4.3	10~40	8~40	10~40
M10	1.5		2.5	7	1.6	3	5.3	12~50	10~50	12~50
M12	1.75		3	8.5	2	3.6	6.3	14~60	12~60	14~60
l 系列	2,2.5,3,4,5,6,8,10,12,(14),16,20,25,30,35,40,45,50,(55),60									

附表9 内六角圆柱头螺钉

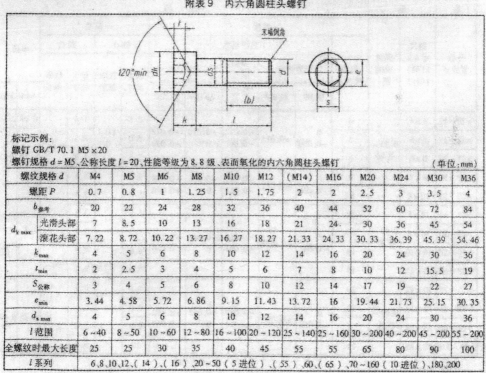

标记示例：

螺钉 GB/T 70.1 M5×20

螺钉规格 d = M5，公称长度 l = 20，性能等级为8.8级、表面氧化的内六角圆柱头螺钉　　　（单位：mm）

螺纹规格 d		M4	M5	M6	M8	M10	M12	(M14)	M16	M20	M24	M30	M36
螺距 P		0.7	0.8	1	1.25	1.5	1.75	2	2	2.5	3	3.5	4
$b_{参考}$		20	22	24	28	32	36	40	44	52	60	72	84
$d_{k\,max}$	光滑头部	7	8.5	10	13	16	18	21	24	30	36	45	54
	滚花头部	7.22	8.72	10.22	13.27	16.27	18.27	21.33	24.33	30.33	36.39	45.39	54.46
k_{max}		4	5	6	8	10	12	14	16	20	24	30	36
t_{min}		2	2.5	3	4	5	6	7	8	10	12	15.5	19
$S_{公称}$		3	4	5	6	8	10	12	14	17	19	22	27
e_{min}		3.44	4.58	5.72	6.86	9.15	11.43	13.72	16	19.44	21.73	25.15	30.35
$d_{s\,max}$		4	5	6	8	10	12	14	16	20	24	30	36
l 范围		6~40	8~50	10~60	12~80	16~100	20~120	25~140	25~160	30~200	40~200	45~200	55~200
全螺纹时最大长度		25	25	30	35	40	45	55	55	65	80	90	100
l 系列		6,8,10,12,(14),(16),20~50（5进位）,(55),60,(65),70~160（10进位）,180,200											

附表10　普通平键及键槽各部分尺寸（摘自 GB/T 1096—2003，GB/T 1095—2003）

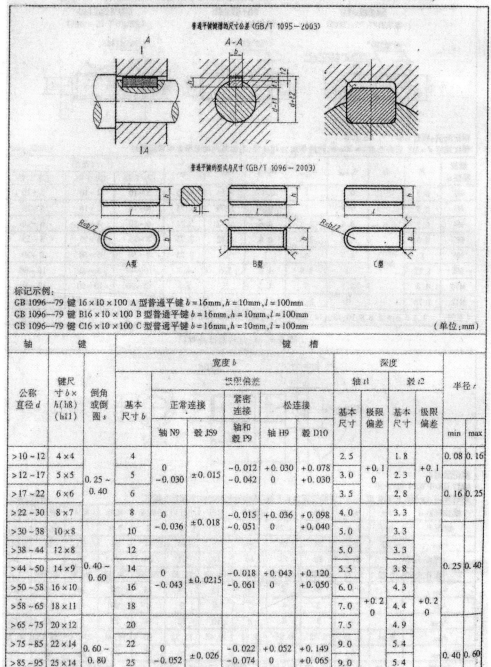

普通平键键槽的尺寸公差（GB/T 1095—2003）

普通平键的型式与尺寸（GB/T 1096—2003）

A型　　B型　　C型

标记示例：
GB 1096—79 键 16×10×100 A 型普通平键 $b=16mm,h=10mm,l=100mm$
GB 1096—79 键 B16×10×100 B 型普通平键 $b=16mm,h=10mm,l=100mm$
GB 1096—79 键 C16×10×100 C 型普通平键 $b=16mm,h=10mm,l=100mm$

（单位：mm）

轴	键		键槽									
			宽度 b					深度				半径 r
				极限偏差				轴 t1		毂 t2		
公称直径 d	键尺寸 b× h(h8) (h11)	倒角或倒圆 s	基本尺寸 b	正常连接		紧密连接	松连接		基本尺寸	极限偏差	基本尺寸	极限偏差	min	max
				轴 N9	毂 JS9	轴和毂 P9	轴 H9	毂 D10						
>10~12	4×4	0.25~0.40	4	0 −0.030	±0.015	−0.012 −0.042	+0.030 0	+0.078 +0.030	2.5	+0.1 0	1.8	+0.1 0	0.08	0.16
>12~17	5×5		5						3.0		2.3			
>17~22	6×6		6						3.5		2.8		0.16	0.25
>22~30	8×7	0.40~0.60	8	0 −0.036	±0.018	−0.015 −0.051	+0.036 0	+0.098 +0.040	4.0		3.3			
>30~38	10×8		10						5.0		3.3			
>38~44	12×8		12	0 −0.043	±0.0215	−0.018 −0.061	+0.043 0	+0.120 +0.050	5.0		3.3			
>44~50	14×9		14						5.5		3.8		0.25	0.40
>50~58	16×10		16						6.0		4.3			
>58~65	18×11		18						7.0	+0.2 0	4.4	+0.2 0		
>65~75	20×12	0.60~0.80	20	0 −0.052	±0.026	−0.022 −0.074	+0.052 0	+0.149 +0.065	7.5		4.9			
>75~85	22×14		22						9.0		5.4		0.40	0.60
>85~95	25×14		25						9.0		5.4			
>95~110	28×16		28						10		6.4			

附表11　圆柱销 不淬硬钢和奥氏体不锈钢（GB/T 119.1—2000）

圆柱销 淬硬钢和马氏体不锈钢（GB/T 119.2—2000）

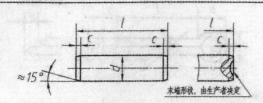

末端形状，由生产者决定

标记示例：销 GB/T 119.2 6×30
公称直径 $d=6$mm，长度 $l=30$mm，公差为 m6，材料为钢，普通淬火（A 型），表面氧化的圆柱销
销 GB/T 119.1 6m 6×30
公称直径 $d=6$mm，公差为 m6，公称长度 $l=30$mm，材料为钢，不经淬火，不经表面处理的圆柱销

（单位：mm）

d(公称)m6/h8	2	3	4	5	6	8	10	12	16	20	25
$c\approx$	0.35	0.5	0.63	0.8	1.2	1.6	2	2.5	3	3.5	4
l 范围	6~20	8~30	8~40	10~50	12~60	14~80	18~95	22~140	26~180	35~200	50~200
l 系列（公称）	2、3、4、5、6~32（2 进位）、35~100（5 进位）、120~≥200（按 20 递增）										

附表12　圆锥销（GB/T 117—2000）

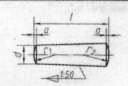

标记示例：销 GB/T 117 6×24
公称直径 $d=6$mm，公称长度 $l=24$mm，材料为 35 钢，热处理硬度 28~38HRC，表面氧化处理的 A 型圆锥销

（单位：mm）

d 公称	2	2.5	3	4	5	6	8	10	12	16	20	25
$a\approx$	0.25	0.3	0.4	0.5	0.63	0.8	1.0	1.2	1.6	2.0	2.5	3.0
l 范围	10~35	10~35	12~45	14~55	18~60	22~90	22~120	26~160	32~180	40~200	45~200	50~200
l 系列	2、3、4、5、6~32（2 进位）、35~100（5 进位）、120~200（20 进位）											

附表13　开口销(GB/T 91—2000)

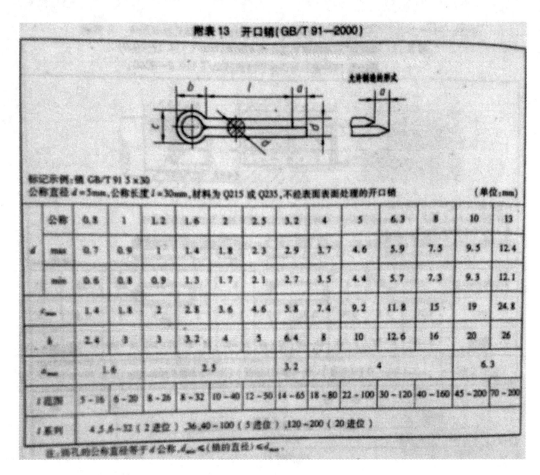

标记示例:销 GB/T 91 5×30
公称直径 d=5mm,公称长度 l=30mm,材料为Q215或Q235,不经表面表面处理的开口销　　　　　(单位:mm)

		0.8	1	1.2	1.6	2	2.5	3.2	4	5	6.3	8	10	13
d	公称													
	max	0.7	0.9	1	1.4	1.8	2.3	2.9	3.7	4.6	5.9	7.5	9.5	12.4
	min	0.6	0.8	0.9	1.3	1.7	2.1	2.7	3.5	4.4	5.7	7.3	9.3	12.1
c_{max}		1.4	1.8	2	2.8	3.6	4.6	5.8	7.4	9.2	11.8	15	19	24.8
b		2.4	3	3.2	4	5	6.4	8	10	12.6	16	20	26	
a_{max}		1.6			2.5			3.2		4			6.3	
l 范围		5~16	6~20	8~25	8~32	10~40	12~50	14~65	18~80	22~100	30~120	40~160	45~200	70~200
l 系列		4,5,6.3~32(2进位),36,40~100(5进位),120~200(20进位)												

注:销孔的公称直径等于 d 公称, d_{min} ≤(销的直径)≤ d_{max} 。

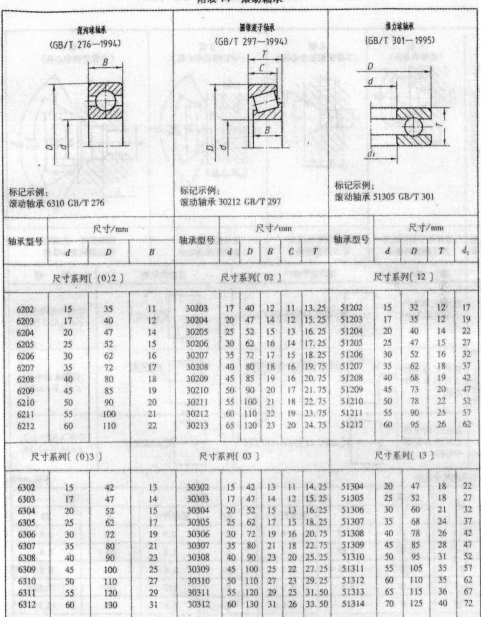

附表 14　滚动轴承

深沟球轴承（GB/T 276—1994）
标记示例：
滚动轴承 6310 GB/T 276

圆锥滚子轴承（GB/T 297—1994）
标记示例：
滚动轴承 30212 GB/T 297

推力球轴承（GB/T 301—1995）
标记示例：
滚动轴承 51305 GB/T 301

轴承型号	尺寸/mm			轴承型号	尺寸/mm					轴承型号	尺寸/mm			
	d	D	B		d	D	B	C	T		d	D	T	d_1
尺寸系列〔(0)2〕				尺寸系列〔02〕						尺寸系列〔12〕				
6202	15	35	11	30203	17	40	12	11	13.25	51202	15	32	12	17
6203	17	40	12	30204	20	47	14	12	15.25	51203	17	35	12	19
6204	20	47	14	30205	25	52	15	13	16.25	51204	20	40	14	22
6205	25	52	15	30206	30	62	16	14	17.25	51205	25	47	15	27
6206	30	62	16	30207	35	72	17	15	18.25	51206	30	52	16	32
6207	35	72	17	30208	40	80	18	16	19.75	51207	35	62	18	37
6208	40	80	18	30209	45	85	19	16	20.75	51208	40	68	19	42
6209	45	85	19	30210	50	90	20	17	21.75	51209	45	73	20	47
6210	50	90	20	30211	55	100	21	18	22.75	51210	50	78	22	52
6211	55	100	21	30212	60	110	22	19	23.75	51211	55	90	25	57
6212	60	110	22	30213	65	120	23	20	24.75	51212	60	95	26	62
尺寸系列〔(0)3〕				尺寸系列〔03〕						尺寸系列〔13〕				
6302	15	42	13	30302	15	42	13	11	14.25	51304	20	47	18	22
6303	17	47	14	30303	17	47	14	12	15.25	51305	25	52	18	27
6304	20	52	15	30304	20	52	15	13	16.25	51306	30	60	21	32
6305	25	62	17	30305	25	62	17	15	18.25	51307	35	68	24	37
6306	30	72	19	30306	30	72	19	16	20.75	51308	40	78	26	42
6307	35	80	21	30307	35	80	21	18	22.75	51309	45	85	28	47
6308	40	90	23	30308	40	90	23	20	25.25	51310	50	95	31	52
6309	45	100	25	30309	45	100	25	22	27.25	51311	55	105	35	57
6310	50	110	27	30310	50	110	27	23	29.25	51312	60	110	35	62
6311	55	120	29	30311	55	120	29	25	31.50	51313	65	115	36	67
6312	60	130	31	30312	60	130	31	26	33.50	51314	70	125	40	72

附表 15　中心孔表示法(摘自 GB/T 145—2001)

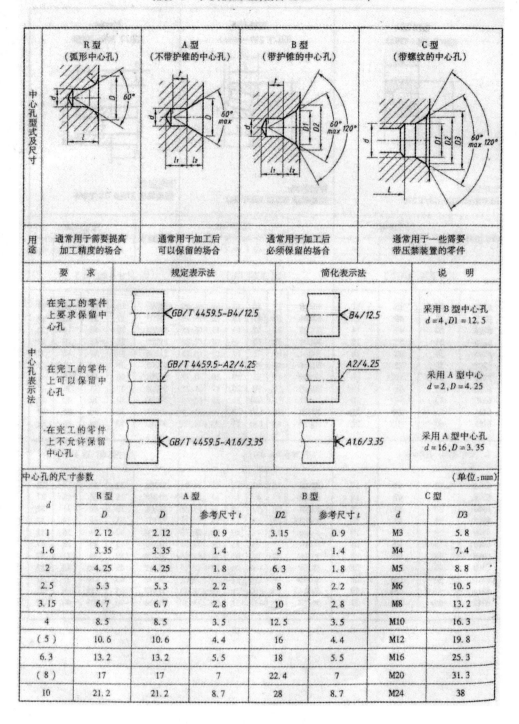

中心孔型式及尺寸	R 型 (弧形中心孔)	A 型 (不带护锥的中心孔)	B 型 (带护锥的中心孔)	C 型 (带螺纹的中心孔)
用途	通常用于需要提高加工精度的场合	通常用于加工后可以保留的场合	通常用于加工后必须保留的场合	通常用于一些需要带压紧装置的零件

中心孔表示法	要　求	规定表示法	简化表示法	说　明
	在完工的零件上要求保留中心孔	GB/T 4459.5−B4/12.5	B4/12.5	采用 B 型中心孔 $d=4$, $D1=12.5$
	在完工的零件上可以保留中心孔	GB/T 4459.5−A2/4.25	A2/4.25	采用 A 型中心 $d=2$, $D=4.25$
	在完工的零件上不允许保留中心孔	GB/T 4459.5−A1.6/3.35	A1.6/3.35	采用 A 型中心孔 $d=16$, $D=3.35$

中心孔的尺寸参数　　　　　　　　　　　　　　　　　　　(单位:mm)

d	R 型	A 型		B 型		C 型	
	D	D	参考尺寸 t	$D2$	参考尺寸 t	d	$D3$
1	2.12	2.12	0.9	3.15	0.9	M3	5.8
1.6	3.35	3.35	1.4	5	1.4	M4	7.4
2	4.25	4.25	1.8	6.3	1.8	M5	8.8
2.5	5.3	5.3	2.2	8	2.2	M6	10.5
3.15	6.7	6.7	2.8	10	2.8	M8	13.2
4	8.5	8.5	3.5	12.5	3.5	M10	16.3
(5)	10.6	10.6	4.4	16	4.4	M12	19.8
6.3	13.2	13.2	5.5	18	5.5	M16	25.3
(8)	17	17	7	22.4	7	M20	31.3
10	21.2	21.2	8.7	28	8.7	M24	38

附表16 标准公差数值(摘自 GB/T 1800.2—2009)

公称尺寸 mm		公差等级																
大于	至	IT1	IT2	IT3	IT4	IT5	IT6	IT7	IT8	IT9	IT10	IT11	IT12	IT13	IT14	IT15	IT16	IT17	IT18
		μm											mm						
—	3	0.8	1.2	2	3	4	6	10	14	25	40	60	0.1	0.14	0.25	0.4	0.6	1	1.4
3	6	1	1.5	2.5	4	5	8	12	18	30	48	75	0.12	0.18	0.3	0.48	0.75	1.2	1.8
6	10	1	1.5	2.5	4	6	9	15	22	36	58	90	0.15	0.22	0.36	0.58	0.9	1.5	2.2
10	18	1.2	2	3	5	8	11	18	27	43	70	110	0.18	0.27	0.43	0.7	1.1	1.8	2.7
18	30	1.5	2.5	4	6	9	13	21	33	52	84	130	0.21	0.33	0.52	0.84	1.3	2.1	3.3
30	50	1.5	2.5	4	7	11	16	25	39	62	100	160	0.25	0.39	0.62	1	1.6	2.5	3.9
50	80	2	3	5	8	13	19	30	46	74	120	190	0.3	0.46	0.74	1.2	1.9	3	4.6
80	120	2.5	4	6	10	15	22	35	54	87	140	220	0.35	0.54	0.87	1.4	2.2	3.5	5.4
120	180	3.5	5	8	12	18	25	40	63	100	160	250	0.4	0.63	1	1.6	2.5	4	6.3
180	250	4.5	7	10	14	20	29	46	72	115	185	290	0.46	0.72	1.15	1.85	2.9	4.6	7.2
250	315	6	8	12	16	23	32	52	81	130	210	320	0.52	0.81	1.3	2.1	3.2	5.2	8.1
315	400	7	9	13	18	25	36	57	89	140	230	360	0.57	0.89	1.4	2.3	3.6	5.7	8.9
400	500	8	10	15	20	27	40	63	97	155	250	400	0.63	0.97	1.55	2.5	4	6.3	9.7
500	630	9	11	16	22	32	44	70	110	175	280	440	0.7	1.1	1.75	2.8	4.4	7	11
630	800	10	13	18	25	36	50	80	125	200	320	500	0.8	1.25	2	3.2	5	8	12.5
800	1000	11	15	21	28	40	56	90	140	230	360	560	0.9	1.4	2.3	3.6	5.6	9	14
1000	1250	13	18	24	33	47	66	105	165	260	420	660	1.05	1.65	2.6	4.2	6.6	10.5	16.5
1250	1600	15	21	29	39	55	78	125	195	310	500	780	1.25	1.95	3.1	5	7.8	12.5	19.5
1600	2000	18	25	35	46	65	92	150	230	370	600	920	1.5	2.3	3.7	6	9.2	15	23
2000	2500	22	30	41	55	78	110	175	280	440	700	1100	1.75	2.8	4.4	7	11	17.5	28
2500	3150	26	36	50	68	96	135	210	330	540	860	1350	2.1	3.3	5.4	8.6	13.5	21	33

注1:公称尺寸大于500mm 的 IT1～IT5 的标准公差为试行。
注2:公称尺寸小于或等于1mm 时,无 IT14～IT18。

附表17　轴的极限偏差（基本尺寸至500mm的优先常用配合）（摘自GB/T 1800.2—2009）　　（μm）

公称尺寸/mm (代号)	c	d	e	f	g	h	h	h	h	h	h	h	js	k	m	m	n	n	p	r	s	t	u	v	x	y	z
(公差等级)	11	9	8	7	6	5	6	7	8	9	10	11	6	6	6	7	5	6	6	6	6	6	6	6	6	6	6
≤3	-60/-120	-20/-45	-14/-28	-6/-16	-2/-8	0/-4	0/-6	0/-10	0/-14	0/-25	0/-40	0/-60	±3	+6/0	+8/+2	+12/+2	+8/+4	+10/+4	+12/+6	+16/+10	+20/+14	—	+24/+18	—	+26/+20	—	+32/+26
>3~6	-70/-145	-30/-60	-20/-38	-10/-22	-4/-12	0/-5	0/-8	0/-12	0/-18	0/-30	0/-48	0/-75	±4	+9/+1	+12/+4	+16/+4	+13/+8	+16/+8	+20/+12	+23/+15	+27/+19	—	+31/+23	—	+36/+28	—	+43/+35
>6~10	-80/-170	-40/-76	-25/-47	-13/-28	-5/-14	0/-6	0/-9	0/-15	0/-22	0/-36	0/-58	0/-90	±4.5	+10/+1	+15/+6	+21/+6	+16/+10	+19/+10	+24/+15	+28/+19	+32/+23	—	+37/+28	—	+43/+34	—	+51/+42
>10~14	-95/-205	-50/-93	-32/-59	-16/-34	-6/-17	0/-8	0/-11	0/-18	0/-27	0/-43	0/-70	0/-110	±5.5	+12/+1	+18/+7	+25/+7	+20/+12	+23/+12	+29/+18	+34/+23	+39/+28	—	+44/+33	—	+51/+40	—	+61/+50
>14~18	-95/-205	-50/-93	-32/-59	-16/-34	-6/-17	0/-8	0/-11	0/-18	0/-27	0/-43	0/-70	0/-110	±5.5	+12/+1	+18/+7	+25/+7	+20/+12	+23/+12	+29/+18	+34/+23	+39/+28	—	+44/+33	+50/+39	+56/+45	—	+71/+60
>18~24	-110/-240	-65/-117	-40/-73	-20/-41	-7/-20	0/-9	0/-13	0/-21	0/-33	0/-52	0/-84	0/-130	±6.5	+15/+2	+21/+8	+29/+8	+24/+15	+28/+15	+35/+22	+41/+28	+48/+35	—	+54/+41	+60/+47	+67/+54	+76/+63	+86/+73
>24~30	-110/-240	-65/-117	-40/-73	-20/-41	-7/-20	0/-9	0/-13	0/-21	0/-33	0/-52	0/-84	0/-130	±6.5	+15/+2	+21/+8	+29/+8	+24/+15	+28/+15	+35/+22	+41/+28	+48/+35	+54/+41	+61/+48	+68/+55	+77/+64	+88/+75	+101/+88
>30~40	-120/-280	-80/-142	-50/-89	-25/-50	-9/-25	0/-11	0/-16	0/-25	0/-39	0/-62	0/-100	0/-160	±8	+18/+2	+25/+9	+34/+9	+28/+17	+33/+17	+42/+26	+50/+34	+59/+43	+64/+48	+76/+60	+84/+68	+96/+80	+110/+94	+128/+112
>40~50	-130/-290	-80/-142	-50/-89	-25/-50	-9/-25	0/-11	0/-16	0/-25	0/-39	0/-62	0/-100	0/-160	±8	+18/+2	+25/+9	+34/+9	+28/+17	+33/+17	+42/+26	+50/+34	+59/+43	+70/+54	+86/+70	+97/+81	+113/+97	+130/+114	+152/+136
>50~65	-140/-330	-100/-174	-60/-106	-30/-60	-10/-29	0/-13	0/-19	0/-30	0/-46	0/-74	0/-120	0/-190	±9.5	+21/+2	+30/+11	+41/+11	+33/+20	+39/+20	+51/+32	+60/+41	+72/+53	+85/+66	+106/+87	+121/+102	+141/+122	+163/+144	+191/+172
>65~80	-150/-340	-100/-174	-60/-106	-30/-60	-10/-29	0/-13	0/-19	0/-30	0/-46	0/-74	0/-120	0/-190	±9.5	+21/+2	+30/+11	+41/+11	+33/+20	+39/+20	+51/+32	+62/+43	+78/+59	+94/+75	+121/+102	+139/+120	+165/+146	+193/+174	+229/+210
>80~100	-170/-390	-120/-207	-72/-126	-36/-71	-12/-34	0/-15	0/-22	0/-35	0/-54	0/-87	0/-140	0/-220	±11	+25/+3	+35/+13	+48/+13	+38/+23	+45/+23	+59/+37	+73/+51	+93/+71	+113/+91	+146/+124	+168/+146	+200/+178	+236/+214	+280/+258
>100~120	-180/-400	-120/-207	-72/-126	-36/-71	-12/-34	0/-15	0/-22	0/-35	0/-54	0/-87	0/-140	0/-220	±11	+25/+3	+35/+13	+48/+13	+38/+23	+45/+23	+59/+37	+76/+54	+101/+79	+126/+104	+166/+144	+194/+172	+232/+210	+276/+254	+332/+310

续表

公差等级 (单位: μm)

公称尺寸 mm	c11	d9	e8	f7	g6	h11	h10	h9	h8	h7	h6	h5	js6	k7	k6	m7	m6	n6	n5	p6	r6	s6	t6	u6	v6	x6	y6	z6
120~140	−200/−450	−145/−245	−85/−148	−43/−83	−14/−39	0/−250	0/−160	0/−100	0/−63	0/−40	0/−25	0/−18	±12.5	+43/+3	+28/+3	+55/+15	+40/+15	+52/+27	+45/+27	+68/+43	+88/+63	+117/+92	+147/+122	+195/+170	+227/+202	+273/+248	+325/+300	+390/+365
140~160	−210/−460	−145/−245	−85/−148	−43/−83	−14/−39	0/−250	0/−160	0/−100	0/−63	0/−40	0/−25	0/−18	±12.5	+43/+3	+28/+3	+55/+15	+40/+15	+52/+27	+45/+27	+68/+43	+90/+65	+125/+100	+159/+134	+215/+190	+253/+228	+305/+280	+365/+340	+440/+415
160~180	−230/−480	−145/−245	−85/−148	−43/−83	−14/−39	0/−250	0/−160	0/−100	0/−63	0/−40	0/−25	0/−18	±12.5	+43/+3	+28/+3	+55/+15	+40/+15	+52/+27	+45/+27	+68/+43	+93/+68	+133/+108	+171/+146	+235/+210	+277/+252	+335/+310	+405/+380	+490/+465
180~200	−240/−530	−170/−285	−100/−172	−50/−96	−15/−44	0/−290	0/−185	0/−115	0/−72	0/−46	0/−29	0/−20	±14.5	+50/+4	+33/+4	+63/+17	+46/+17	+60/+31	+51/+31	+79/+50	+106/+77	+151/+122	+195/+166	+265/+236	+313/+284	+379/+350	+454/+425	+549/+520
200~225	−260/−550	−170/−285	−100/−172	−50/−96	−15/−44	0/−290	0/−185	0/−115	0/−72	0/−46	0/−29	0/−20	±14.5	+50/+4	+33/+4	+63/+17	+46/+17	+60/+31	+51/+31	+79/+50	+109/+80	+159/+130	+209/+180	+287/+258	+339/+310	+414/+385	+499/+470	+604/+575
225~250	−280/−570	−170/−285	−100/−172	−50/−96	−15/−44	0/−290	0/−185	0/−115	0/−72	0/−46	0/−29	0/−20	±14.5	+50/+4	+33/+4	+63/+17	+46/+17	+60/+31	+51/+31	+79/+50	+113/+84	+169/+140	+225/+196	+313/+284	+369/+340	+454/+425	+549/+520	+669/+640
250~280	−300/−620	−190/−320	−110/−191	−56/−108	−17/−49	0/−320	0/−210	0/−130	0/−81	0/−52	0/−32	0/−23	±16	+56/+4	+36/+4	+72/+20	+52/+20	+66/+34	+57/+34	+88/+56	+126/+94	+190/+158	+250/+218	+347/+315	+417/+385	+507/+475	+612/+580	+742/+710
280~315	−330/−650	−190/−320	−110/−191	−56/−108	−17/−49	0/−320	0/−210	0/−130	0/−81	0/−52	0/−32	0/−23	±16	+56/+4	+36/+4	+72/+20	+52/+20	+66/+34	+57/+34	+88/+56	+130/+98	+202/+170	+272/+240	+382/+350	+457/+425	+557/+525	+682/+650	+822/+790
315~355	−360/−720	−210/−350	−125/−214	−62/−119	−18/−54	0/−360	0/−230	0/−140	0/−89	0/−57	0/−36	0/−25	±18	+61/+4	+40/+4	+78/+21	+57/+21	+73/+37	+62/+37	+98/+62	+144/+108	+226/+190	+304/+268	+426/+390	+511/+475	+626/+590	+766/+730	+936/+900
355~400	−400/−760	−210/−350	−125/−214	−62/−119	−18/−54	0/−360	0/−230	0/−140	0/−89	0/−57	0/−36	0/−25	±18	+61/+4	+40/+4	+78/+21	+57/+21	+73/+37	+62/+37	+98/+62	+150/+114	+244/+208	+330/+294	+471/+435	+566/+530	+696/+660	+856/+820	+1036/+1000
400~450	−440/−840	−230/−385	−135/−232	−68/−131	−20/−60	0/−400	0/−250	0/−155	0/−97	0/−63	0/−40	0/−27	±20	+68/+5	+45/+5	+86/+23	+63/+23	+80/+40	+67/+40	+108/+68	+166/+126	+272/+232	+370/+330	+530/+490	+635/+595	+780/+740	+960/+920	+1140/+1100
450~500	−480/−880	−230/−385	−135/−232	−68/−131	−20/−60	0/−400	0/−250	0/−155	0/−97	0/−63	0/−40	0/−27	±20	+68/+5	+45/+5	+86/+23	+63/+23	+80/+40	+67/+40	+108/+68	+172/+132	+292/+252	+400/+360	+580/+540	+700/+660	+860/+820	+1040/+1000	+1290/+1250

附表 18　孔的极限偏差（基本尺寸至 500mm 的优先常用配合）（摘自 GB/T 1800.2—2009）　　　　　　　　（μm）

公称尺寸 mm	C11	D9	E8	F6	F7	F8	G6	G7	H6	H7	H8	H9	H10	H11	H12	JS7	JS8	K6	K7	M6	M7	N6	N7	P6	P7	R6	R7	S6	S7	T6	T7	U6
≤3	+120/+60	+45/+20	+28/+14	+12/+6	+16/+6	+20/+6	+8/+2	+12/+2	+6/0	+10/0	+14/0	+25/0	+40/0	+60/0	+100/0	±5	±7	0/−6	0/−10	−2/−8	−2/−12	−4/−10	−4/−14	−6/−12	−6/−16	−10/−16	−10/−20	−14/−20	−14/−24	—	—	−18/−24
3~6	+145/+70	+60/+30	+38/+20	+18/+10	+22/+10	+28/+10	+12/+4	+16/+4	+8/0	+12/0	+18/0	+30/0	+48/0	+75/0	+120/0	±6	±9	+2/−6	+3/−9	−1/−9	0/−12	−5/−13	−4/−16	−9/−17	−8/−20	−12/−20	−11/−23	−16/−24	−15/−27	—	—	−20/−28
6~10	+170/+80	+76/+40	+47/+25	+22/+13	+28/+13	+35/+13	+14/+5	+20/+5	+9/0	+15/0	+22/0	+36/0	+58/0	+90/0	+150/0	±7	±11	+2/−7	+5/−10	−3/−12	0/−15	−7/−16	−4/−19	−12/−21	−9/−24	−16/−25	−13/−28	−20/−29	−17/−32	—	—	−25/−34
10~14	+205/+95	+93/+50	+59/+32	+27/+16	+34/+16	+43/+16	+17/+6	+24/+6	+11/0	+18/0	+27/0	+43/0	+70/0	+110/0	+180/0	±9	±13	+2/−9	+6/−12	−4/−15	0/−18	−9/−20	−5/−23	−15/−26	−11/−29	−20/−31	−16/−34	−25/−36	−21/−39	—	—	−30/−41
14~18	+205/+95	+93/+50	+59/+32	+27/+16	+34/+16	+43/+16	+17/+6	+24/+6	+11/0	+18/0	+27/0	+43/0	+70/0	+110/0	+180/0	±9	±13	+2/−9	+6/−12	−4/−15	0/−18	−9/−20	−5/−23	−15/−26	−11/−29	−20/−31	−16/−34	−25/−36	−21/−39	—	—	−30/−41
18~24	+240/+110	+117/+65	+73/+40	+33/+20	+41/+20	+53/+20	+20/+7	+28/+7	+13/0	+21/0	+33/0	+52/0	+84/0	+130/0	+210/0	±10	±16	+2/−11	+6/−15	−4/−17	0/−21	−11/−24	−7/−28	−18/−31	−14/−35	−24/−37	−20/−41	−31/−44	−27/−48	—	—	−37/−50
24~30	+240/+110	+117/+65	+73/+40	+33/+20	+41/+20	+53/+20	+20/+7	+28/+7	+13/0	+21/0	+33/0	+52/0	+84/0	+130/0	+210/0	±10	±16	+2/−11	+6/−15	−4/−17	0/−21	−11/−24	−7/−28	−18/−31	−14/−35	−24/−37	−20/−41	−31/−44	−27/−48	−37/−50	−33/−54	−44/−57
30~40	+280/+120	+142/+80	+89/+50	+41/+25	+50/+25	+64/+25	+25/+9	+34/+9	+16/0	+25/0	+39/0	+62/0	+100/0	+160/0	+250/0	±12	±19	+3/−13	+7/−18	−4/−20	0/−25	−12/−28	−8/−33	−21/−37	−17/−42	−29/−45	−25/−50	−38/−54	−34/−59	−43/−59	−39/−64	−55/−71
40~50	+290/+130	+142/+80	+89/+50	+41/+25	+50/+25	+64/+25	+25/+9	+34/+9	+16/0	+25/0	+39/0	+62/0	+100/0	+160/0	+250/0	±12	±19	+3/−13	+7/−18	−4/−20	0/−25	−12/−28	−8/−33	−21/−37	−17/−42	−29/−45	−25/−50	−38/−54	−34/−59	−49/−65	−45/−70	−65/−81
50~65	+330/+140	+174/+100	+106/+60	+49/+30	+60/+30	+76/+30	+29/+10	+40/+10	+19/0	+30/0	+46/0	+74/0	+120/0	+190/0	+300/0	±15	±23	+4/−15	+9/−21	−5/−24	0/−30	−14/−33	−9/−39	−26/−45	−21/−51	−35/−54	−30/−60	−47/−66	−42/−72	−60/−79	−55/−85	−81/−100
65~80	+340/+150	+174/+100	+106/+60	+49/+30	+60/+30	+76/+30	+29/+10	+40/+10	+19/0	+30/0	+46/0	+74/0	+120/0	+190/0	+300/0	±15	±23	+4/−15	+9/−21	−5/−24	0/−30	−14/−33	−9/−39	−26/−45	−21/−51	−37/−56	−32/−62	−53/−72	−48/−78	−69/−88	−64/−94	−96/−115
80~100	+390/+170	+207/+120	+125/+72	+58/+36	+71/+36	+90/+36	+34/+12	+47/+12	+22/0	+35/0	+54/0	+87/0	+140/0	+220/0	+350/0	±17	±27	+4/−18	+10/−25	−6/−28	0/−35	−16/−38	−10/−45	−30/−52	−24/−59	−44/−66	−38/−73	−64/−86	−58/−93	−84/−106	−78/−113	−117/−139
100~120	+400/+180	+207/+120	+125/+72	+58/+36	+71/+36	+90/+36	+34/+12	+47/+12	+22/0	+35/0	+54/0	+87/0	+140/0	+220/0	+350/0	±17	±27	+4/−18	+10/−25	−6/−28	0/−35	−16/−38	−10/−45	−30/−52	−24/−59	−47/−69	−41/−76	−72/−94	−66/−101	−97/−119	−91/−126	−137/−159

续表

公差等级（单位：μm）

公称尺寸 mm (代号)	C 11	D 9	E 8	F 8	G 7	H 7	H 8	H 9	H 10	H 11	H 12	JS 7	JS 8	K 6	K 7	M 6	M 7	N 6	N 7	P 6	P 7	R 6	R 7	S 6	S 7	T 6	T 7	U 6
120~140	+450/+200	+245/+145	+148/+85	+106/+43	+54/+14	+40/0	+63/0	+100/0	+160/0	+250/0	+400/0	±20	±31	+4/−21	+12/−28	−8/−33	0/−40	−20/−45	−12/−52	−36/−61	−28/−68	−56/−81	−48/−88	−85/−110	−77/−117	−115/−140	−107/−147	−163/−188
140~160	+460/+210																					−58/−83	−50/−90	−93/−118	−85/−125	−127/−152	−119/−159	−183/−208
160~180	+480/+230																					−61/−86	−53/−93	−101/−126	−93/−133	−139/−164	−131/−171	−203/−228
180~200	+530/+240	+285/+170	+172/+100	+122/+50	+61/+15	+46/0	+72/0	+115/0	+185/0	+290/0	+460/0	±23	±36	+5/−24	+13/−33	−8/−37	0/−46	−22/−51	−14/−60	−41/−70	−33/−79	−68/−97	−60/−106	−113/−142	−105/−151	−157/−186	−149/−195	−227/−256
200~225	+550/+260																					−71/−100	−63/−109	−121/−150	−113/−159	−171/−200	−163/−209	−249/−278
225~250	+570/+280																					−75/−104	−67/−113	−131/−160	−123/−169	−187/−216	−179/−225	−275/−304
250~280	+620/+300	+320/+190	+191/+110	+137/+56	+69/+17	+52/0	+81/0	+130/0	+210/0	+320/0	+520/0	±26	±40	+5/−27	+16/−36	−11/−43	0/−52	−25/−57	−14/−66	−47/−79	−36/−88	−85/−117	−74/−126	−149/−181	−138/−190	−209/−241	−198/−250	−306/−338
280~315	+650/+330																					−89/−121	−78/−130	−161/−193	−150/−202	−231/−263	−220/−272	−341/−373
315~355	+720/+360	+350/+210	+214/+125	+151/+62	+75/+18	+57/0	+89/0	+140/0	+230/0	+360/0	+570/0	±28	±44	+7/−29	+17/−40	−10/−46	0/−57	−26/−62	−16/−73	−51/−87	−41/−98	−97/−133	−87/−144	−179/−215	−169/−226	−257/−293	−247/−304	−379/−415
355~400	+760/+400																					−103/−139	−93/−150	−197/−233	−187/−244	−283/−319	−273/−330	−424/−460
400~450	+840/+440	+385/+230	+232/+135	+165/+68	+83/+20	+63/0	+97/0	+155/0	+250/0	+400/0	+630/0	±31	±48	+8/−32	+18/−45	−10/−50	0/−63	−27/−67	−17/−80	−55/−95	−45/−108	−113/−153	−103/−166	−219/−259	−209/−272	−317/−357	−307/−370	−477/−517
450~500	+880/+480																					−119/−159	−109/−172	−239/−279	−229/−292	−347/−387	−337/−400	−527/−567

附录九　常用金属材料

附表 9-1　铁及铁合金(黑色金属)

牌号	使用举例	说　明
1. 灰铸铁(摘自 GB/T 9439—1988)、工程用铸钢(摘自 GB/T 11352—1989)		
HT150 HT200 HT350	中强度铸铁:底座、刀架、轴承座、端盖 高强度铸铁:床身、机座、凸轮、联轴器 机座、箱体、支架	"HT"表示灰铸铁,后面的数字表示最小抗拉强度(MPa)
ZG230 - 450 ZG310 - 570	各种形状的机件、齿轮、飞轮、重负荷机架	"ZG"表示铸钢,第一组数字表示屈服强度(MPa)最低值,第二组数字表示抗拉强度(MPa)最低值
2. 碳素结构钢(摘自 GB/T 700—1988)、优质碳素结构钢(摘自 GB/T 699—1999)		
Q215 Q235 Q255 Q275	受力不大的螺钉、轴、凸轮、焊件等 螺栓、螺母、拉杆、钩、连杆、轴、焊件 金属构造物中的一般机件、拉杆、轴、焊件 重要的螺钉　拉杆、钩、连杆、轴、销、齿轮	"Q"表示钢的屈服点,数字为屈服点数值(MPa),同一钢号下分质量等级,用 A、B、C、D 表示质量依次下降,例如 Q235 - A
30 35 40 45 65Mn	曲轴、轴销、连杆、横梁 曲轴、摇杆　拉杆、键、销、螺栓 齿轮、齿条、凸轮、曲柄轴、链轮 齿轮轴、连轴器、衬套、活塞销、链轮 大尺寸的各种扁、圆弹簧、如座板簧/弹簧发条	数字表示钢中平均含碳量的万分数,例如:"45"表示平均含碳量为 0.45%,数字依次增大,表示抗拉强度、硬度依次增加,延伸率依次降低。当含锰量在 0.7% ~1.2% 时需注出"Mn"
3. 合金结构钢(摘自 GB/T 3077—1999)		
40Cr 20CrMnTi	活塞销,凸轮。用于心部韧性较高的渗碳零件 工艺性好,汽车拖拉机的重要齿轮,供渗碳处理	钢中加合金元素以增强机构性能,合金元素符号前数字表示含碳量的万分数,符号后数字表示合金元素含量的百分数,当含量小于 1.5% 时,仅注出元素符号

附表 9-2　有色金属及其合金

牌号或代号	使用举例	说　明
1. 加工黄铜(摘自 GB/T 5232—1985)、铸造铜合金(摘自 GB/T 1176—1987)		
H62(代号)	散热器、垫圈、弹簧、螺钉等	"H"表示普通黄铜,数字表示铜含量的平均百分数
ZCuZn38Mn2Pb2 ZCuSn5Pb5Zn5 ZCuAl10Fe3	铸造黄铜:用于轴瓦、轴套及其他耐磨零件 铸造锡青铜:用于承受摩擦的零件,如轴承 铸造铝青铜:用于制造蜗轮、衬套和耐蚀性零件	"ZCu"表示铸造铜合金,合金中其他主要元素用化学符号表示,符号后数字表示该元素的含量平均百分数

参考资料

[1] 吴机际. 机械制图. [M]. 广州：华南理工大学出版社，2002.

[2] 王幼龙. 机械制图. [M]. 北京：高等教育出版社，2005.

[3] 汤学达 杜吉陆. 机械制图. [M]. 北京：电子工业出版社，2010.9

[4] 谢彩英. 机械制图与识图工作页. [M]. 北京：高等教育出版社，2010.

[5] 叶曙光. 机械制图. [M]. 北京：机械工业出版社，2008.

[6] 金大鹰. 机械制图. [M]. 北京：机械工业出版社，2007.

[7] 中华人民共和国国家标准《机械制图》. [M]. 北京：中国标准出版社出版发行，2005.

[8] 中华人民共和国国家标准《技术制图与机械制图》. [M]. 北京：中国标准出版社出版发行，1996.

□中等职业教育机械专业教材系列

机械制图
项目实践教程习题册

主　编　李　婷

主　审　冯小劳

副主编　陈俊英

编　委　黄建军　莫爵超

　　　　梁明乾　黄素兰

四川大学出版社

目　　录

项目一 国家标准的相关规定

1. 字体练习：

(1) 文字高度即字号的练习：

7号字：机械工程制图基本知识视图校核

5号字：尺寸标注形体分析零图班级结构件

(2) 数字、字母的练习：

3.5号字：0 1 2 3 4 5 6 7 8 9 R 0 1 2 3 4 5

2. 线型练习：

(1) 铅笔画线型：　　　　　　　　　(2) 圆规画线型：

3. 在下图中椭圆里填上正确的名称，并理解各名称表达的含义：

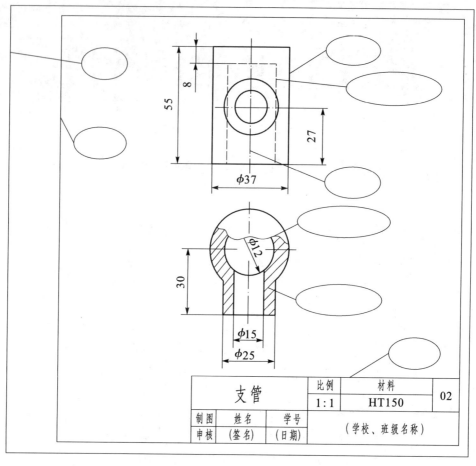

支管	比例	材料	02
	1:1	HT150	
制图	姓名	学号	
审核	(签名)	(日期)	(学校、班级名称)

4. 标注尺寸：在给定的尺寸线上画出箭头，填写尺寸数字（尺寸数字按 1∶1 从图上量取，取整数）。

（1）不同方向线段的标注。　　　　　　　　（2）角度的标注。

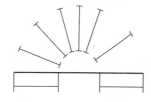

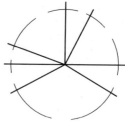

（3）圆直径的标注，理解定形尺寸和定位尺寸的含义。

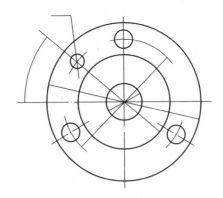

5. 标注下图尺寸，尺寸数字从图中截取并取整数：（注意标注要清晰，并且不重复、不遗漏）

（1）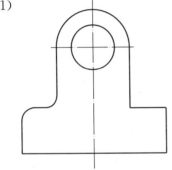

（2）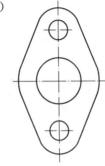

（3）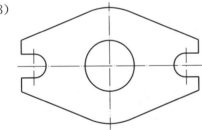

6. 指出下面左侧图中的错误，并在右侧图形中，正确标注图形尺寸。

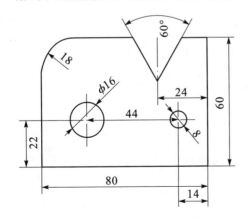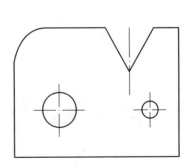

7. 抄画图形并标注尺寸。

（1）

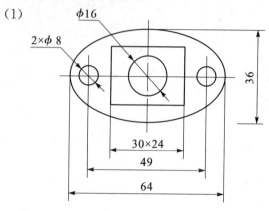

（2）

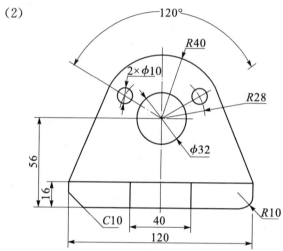

项目二　绘制平面图形

1. 绘制手柄图并标注尺寸（锥度的画法）。

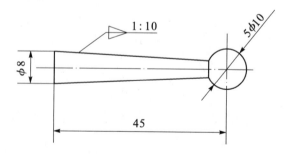

2. 绘制槽钢图，并正确标注图形尺寸（斜度与圆弧连接）。

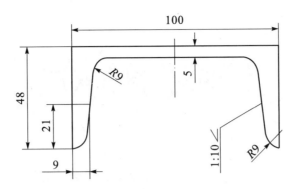

3. 以 1：1 比例绘制下面图形，并标注尺寸。

（1）

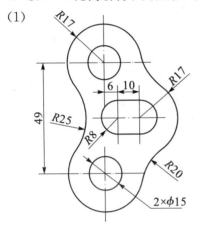

（2）

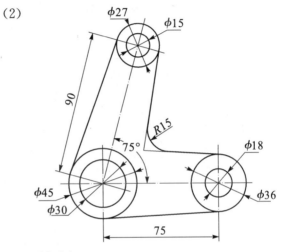

（3）吊钩图

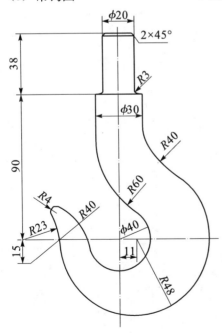

（4）手柄图

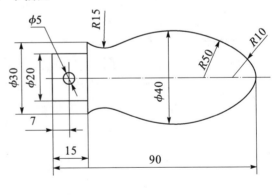

模块二　识读视图

项目一　基本体与截断体

1. 标出下图三视图的名称，并在括号中填写合适的方位：

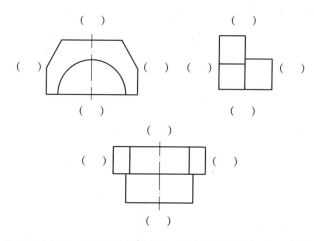

2. 已知基本体的两投影，补画第三投影，并判断图形表示基本体的类型：

（1）图中主视图是（　　　　）形，俯视图是（　　　　）形，两视图符合（　　　　）类基本体三视图的特征，该基本体是（　　　　），左视图的形状是（　　　　）。

（2）图中左视图是（　　　　）形，俯视图是（　　　　）形，两视图符合（　　　　）类基本体三视图的特征，（　　　　），主视图的形状是（　　　　）。

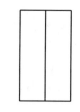

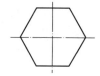

（3）图中主视图是（　　　　）形，俯视图是（　　　　）形，两视图符合（　　　　）类基本体三视图的特征，该基本体是（　　　　），左视图的形状是（　　　　）。

（4）图中主视图是（　　　　）形，俯视图是（　　　　）形，两视图符合（　　　　）类基本体三视图的特征，该基本体是（　　　　），左视图的形状是（　　　　）。

3. 补画下图中四棱锥中缺漏线：

棱锥三视图的特征是：

_____，

_____，

_____。

4. 根据下图所示的轴测图，画出其三视图并标注尺寸：（左视图为正六边形）

（1）形体分析：形体由一个_____和一个_____组成；它们所处的位置是：

左边是_____，

右边是_____。

（2）尺寸分析

底面形状尺寸是：

高度分别是：

70

30

50

5. 根据下图所示半回转体的轴测图，分别画出其三视图并标注尺寸：

（1）刀具

（2）轴衬

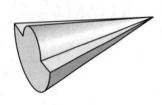

6. 参照下面的轴测图，绘制三视图：

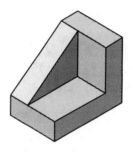

这种形体属于平面立体还是回转体？是柱类还是锥类？

7. 根据两视图补画第三视图：

（1）

（2）

（3）

（4）

（5）

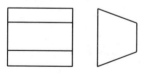

（6）

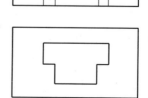

8. 参照给出视图，想象物体形状，补画缺漏线：

(1)　　　　　　　　　　(2)

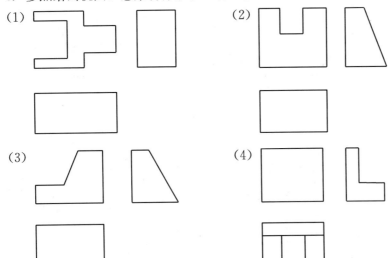

9. 看懂下图中的两视图，想象出其立体形状，绘制立体草图，并补画第三视图。

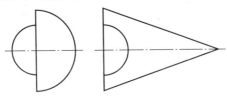

10. 看懂下图中的两视图，想象出其立体形状，并补画俯视图和左视图中缺漏线：

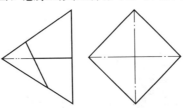

11. 参照立体图，补画下图中的第三视图，并标注尺寸：

(1)　　　　　　　　　　(2)

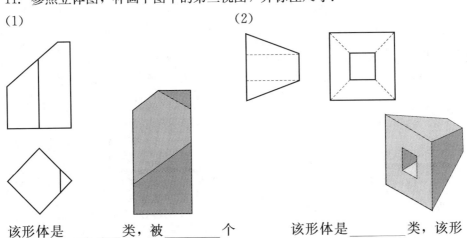

该形体是_____类，被_____个截切面截切，截切面（平行、垂直、倾斜）于底面？

该形体是_____类，该形体中间切割一个_____形体。

9

(3)

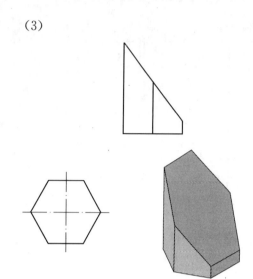

该形体是_____类，被_____个截切面截切，截切面（平行、垂直、倾斜）于底面？

(4)

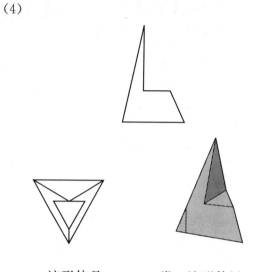

该形体是_____类，该形体被_____个截切面截切，截切面一个（平行、垂直、倾斜）于底面？另一个截切面（平行、垂直、倾斜）于底面？

(5)

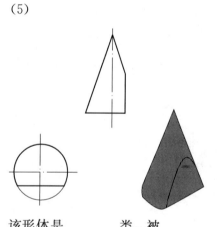

该形体是_____类，被_____个截切面截切，截切面（平行、垂直、倾斜）于底面？

(6)

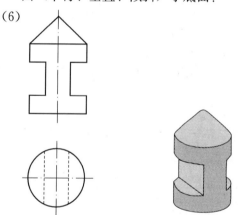

该形体是_____和_____构成，该形体被_____个截切面截切，截切面两个（平行、垂直、倾斜）于底面？另两个截切面（平行、垂直、倾斜）于底面？

（7）

（8）

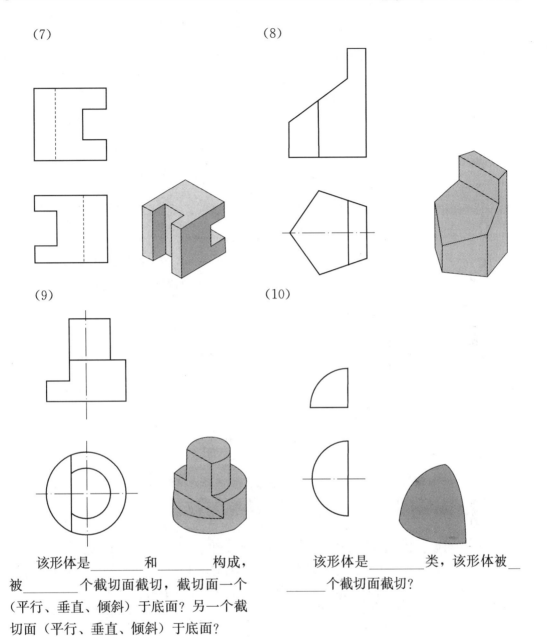

（9）

（10）

　　该形体是_____和_____构成，被_____个截切面截切，截切面一个（平行、垂直、倾斜）于底面？另一个截切面（平行、垂直、倾斜）于底面？

　　该形体是_____类，该形体被_____个截切面截切？

(11)

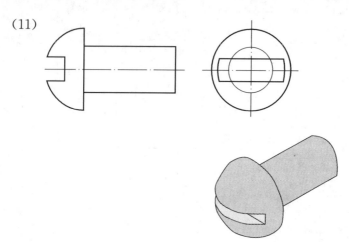

该形体是_____和_____构成，被_____个截切面截切，截切面一个（平行、垂直、倾斜）于底面？另一个截切面（平行、垂直、倾斜）于底面？

(12)

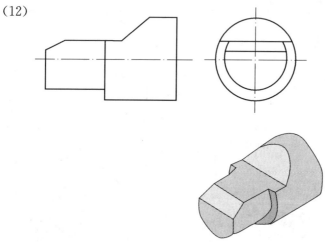

从图中可以验证：圆柱被平行于轴线的平面截切时，其截交线的形状是_____

_____。圆柱被倾斜于轴线的平面截切时，其截交线的形状是_____。

12. 根据下图中给出的视图，想象形状，完成三视图，并标注尺寸：

(1)

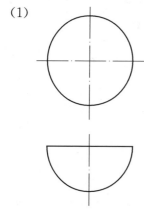

(2)

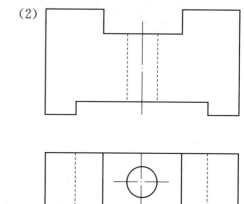

（3）

（4）

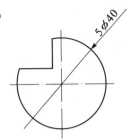

从中可以归纳出：

圆锥截断体尺寸标注的内容有：

球截断体尺寸标注的内容有：

（5）

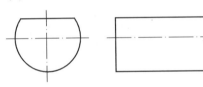

（6）

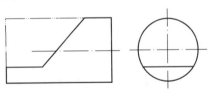

从中可以归纳出：

圆柱截断体尺寸标注的内容有：

13. 参照立体图，绘制下图三视图，并标注尺寸。

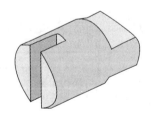

项目二 轴测图与模型制作

1. 根据下图中物体某一表面的轴测投影和给定的轴向尺寸，徒手完成物体的轴测图。

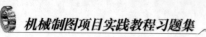

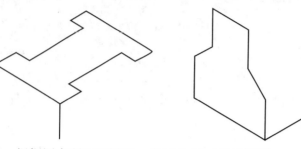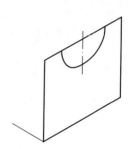

2. 根据图中所示两视图，徒手绘制正等轴测图：

(1)

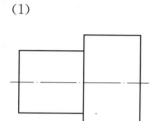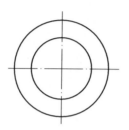

(2)

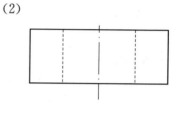

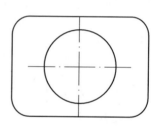

3. 根据下图视图，用合适的方法画出正等轴测图：

(1)

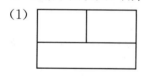

(2)

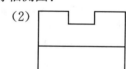

(3)

(4)

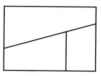

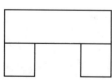

总结：本题所用的绘制方法有：　　　　　轴测图绘图技巧：

4. 根据下图中的图形变化，逐步绘制立体草图并制作模型。

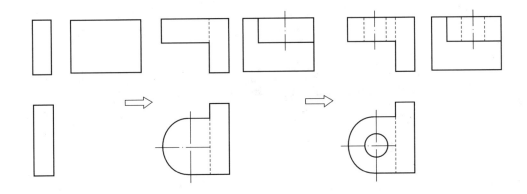

项目三 相贯体与组合体

1. 参照立体图，补画下图所示主视图中的缺漏线：

图形分析：

垂直方向有_____个圆柱，内有

_____；水平方向有_____圆柱和

_____，内有_____且_____；

故：

主视图中外部有_____和_____；

内部有_____。

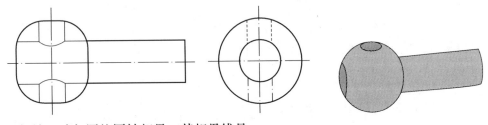

2. 根据图中给出的两视图，参照立体图补画第三视图，并标注尺寸：

归纳：球与圆柱同轴相贯，其相贯线是_____

3. 根据图中给出的两视图，想象形状，完成第三视图，并标注尺寸：

(1)　　　　　　　　　　　　　　　　　　　(2)

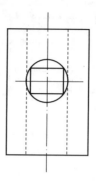
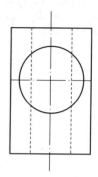

归纳：圆柱被＿＿＿＿＿＿＿＿＿＿截切有相贯线，圆柱被＿＿＿＿＿＿＿＿＿＿截切有截交线。

4. 根据下图中的轴测图，补画组合体的主视图。

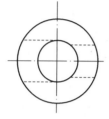

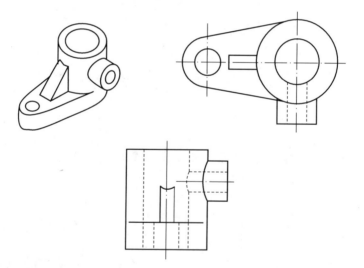

（1）本题中各部分的组合方式有：

（2）指出本题中的相贯线和截交线。

5. 识读组合体，根据给出的三视图和立体图补画缺漏线。

(1)　　　　　　　　　　　　(2)

(3)　　　　　　　　　　　　(4)

(5)

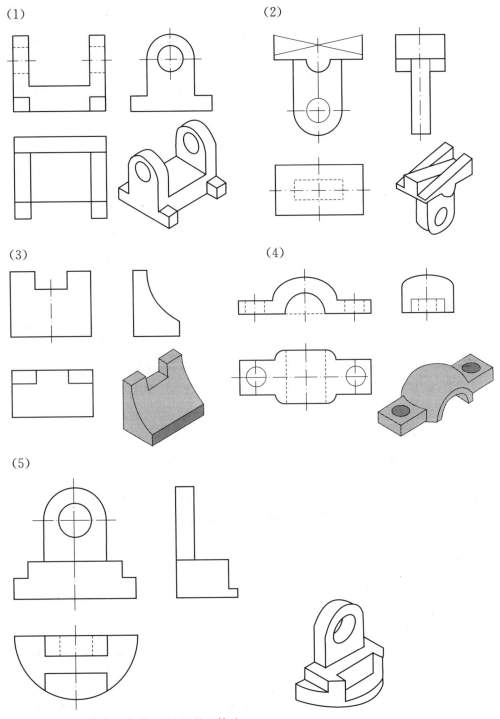

对复杂形体的视图分析，你有哪些体会？

6. 根据图中的轴测图，分别绘制组合体三视图，尺寸从图中截取。

(1)　　　　　　　　　　　(2)　　　　　　　　　　　(3)

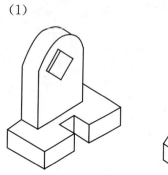 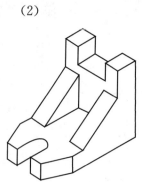 

总结组合体绘图步骤：

7. 根据下图轴测图，用 A4 图纸采用合适的比例，分别绘制组合体三视图并标注尺寸。

(1)　　　　　　　　　　　　　　　　　(2)

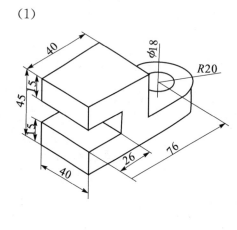 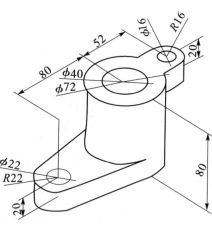

8. 根据给出的三视图，想象物体形状，并标注图形尺寸。

(1)

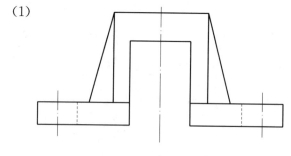 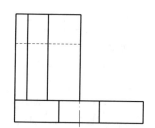

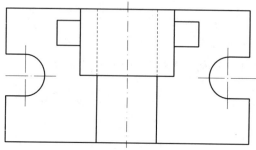

(2)

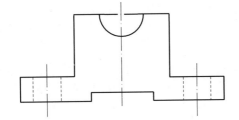 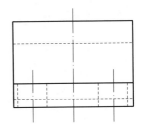

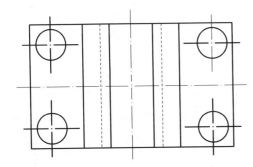

总结组合体尺寸标注步骤：

9. 根据图中给出的两视图，想象形状，完成第三视图：

(1) 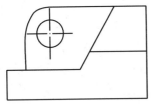 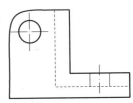 (2)

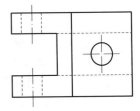

(3)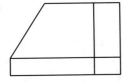

10. 根据下图中的两视图，想象形状，补画组合体的左视图。

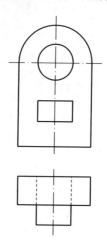

11. 根据图中给出的视图，想象形状，补画缺漏线，并徒手绘制轴测图。

(1)　　　　　　　　　　　　　(2)

(3)　　　　　　　　　　　　　(4)

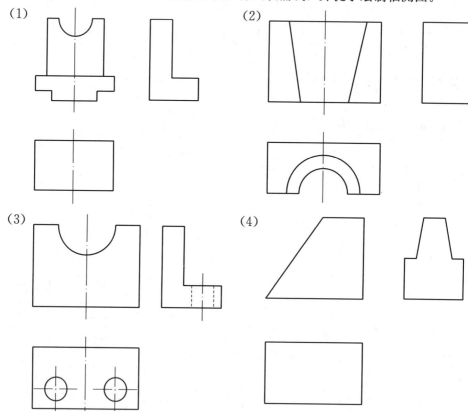

(5) (6)

(7)

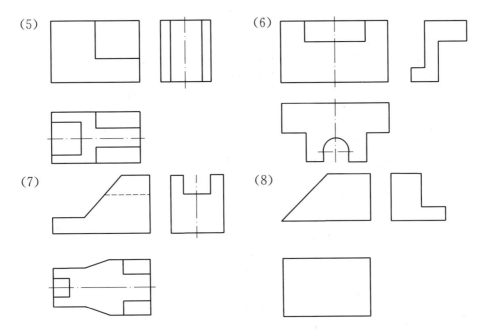

总结：识读组合体形状的技巧有哪些？

12. 想象物体形状，补画第三视图。（多解题，题中提供一个答案的立体，再想出其它几种）

(1) (2)

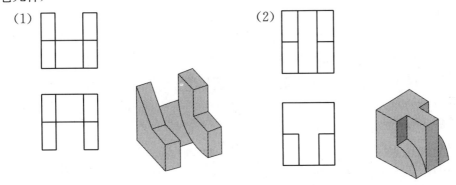

创造性思维是个人发展的一个重要组成部分，敢于创新是一种发展潜质，你想出了几个图形？

13. 分析下图视图和尺寸，看懂轴承座的形状结构和大小，并回答问题。

(1) 轴承座的形状结构。

轴承座由_____、_____、_____、_____组成。

底板的形状是_____。

支撑板的形状是_____。

肋板的形状是_____。

(2) 轴承座的组合方式和相对位置。

肋板在底板的（上、下），其后与底板的后面（共面、不共面）；其上面与圆筒（相切、相交），该处（有、无）交线。

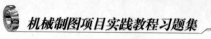

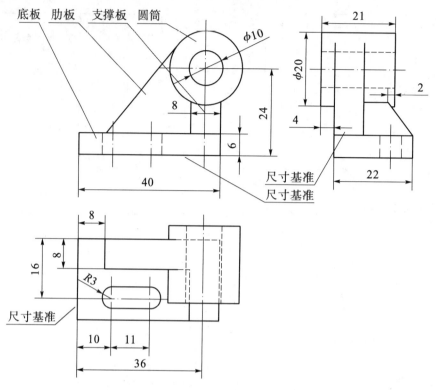

底板　肋板　支撑板　圆筒

支撑板在底板的（左、右）侧，其后面紧贴肋板的（前、后）面，其右侧与底板和肋板的右侧（共面、不共面）。

支撑板在圆筒的（上、下）方，它们的左右对称面是＿＿＿＿＿＿＿＿。

（3）分析尺寸，弄清轴承座的大小。

轴承座的尺寸基准，长度方向是＿＿＿＿＿＿＿＿＿，宽度方向是＿＿＿＿＿＿＿＿＿，高度方向是＿＿＿＿＿＿＿＿＿。

圆筒的定形尺寸是＿＿＿＿、＿＿＿＿和＿＿＿＿。

底板的定形尺寸是＿＿＿＿、＿＿＿＿和＿＿＿＿。

圆筒的定位尺寸，高度方向是＿＿＿＿，宽度方向是＿＿＿＿，长度方向是＿＿＿＿。

底板上长形孔的定位尺寸是＿＿＿＿和＿＿＿＿。

轴承座的总体尺寸，总长＿＿＿＿，总宽＿＿＿＿，总高＿＿＿＿。

模块三 识读零件图

项目一 识读衬套零件图

1. 抄画衬套零件图，并识读衬套零件图，回答下列问题。

(1) 零件的名称是 _____ ，材料 _____ ，比例 _____ ，用途 _____ ；

(2) 零件图用 _____ 个视图表达其结构，采用 _____ 表达方法；

(3) 图中圆弧是由 _____ 和 _____ 相交而成的 _____ ；

(4) 由 $\varnothing 40^{-0.009}_{-0.025}$ 确定其公称尺寸是 _____ ，查表其基本偏差符号是 _____ ，标准公差是 _____ ，公差等级是 _____ ；

(5) 2×0.5 是零件的 _____ 尺寸，其中 2 表示 _____ ，0.5 表示 _____ ；

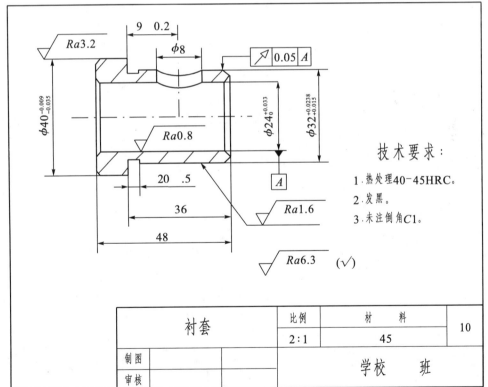

衬套	比例	材料	10
	2∶1	45	
制图		学校 班	
审核			

(6) 图中表面结构要求最高的表面是 _____ ，获得表面的方法是 _____ ；

(7) 解释代号 $\boxed{\nearrow\ 0.05\ A}$ 的含义：

(8) 零件在制作过程中有无其它要求？

2. 抄画挡块零件图，并识读零件的技术要求，填写表格中的相关内容。

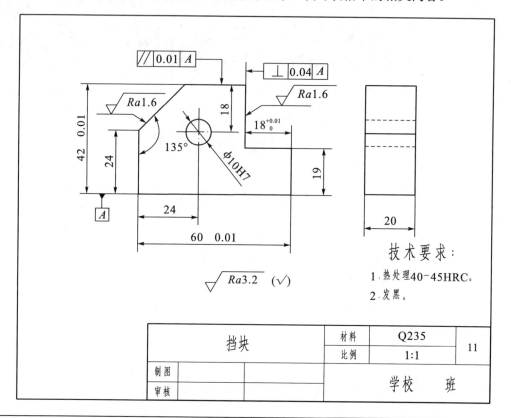

技术要求：

1. 热处理40-45HRC。
2. 发黑。

挡块		材料	Q235	11
		比例	1:1	
制图			学校 班	
审核				

项目	解释
代号 ∅10H7 的含义	
60±0.01 的含义	
热处理 40～45HRC 的含义	
代号 $\sqrt{}$ Ra1.6 的含义	
代号 $\sqrt{}$ Ra3.2 (√) 的含义	
代号 // 0.01 A 的含义	
代号 ⊥ 0.04 A 的含义	
$18^{+0.01}_{0}$ 代号的含义	
实际测量值分别为 18.02、17.98 和 18.009 时，是什么性质的产品？	
哪些表面结构要求较高？为什么？	

3. 看懂视图，补画视图中的缺漏线。

(1)
(2)

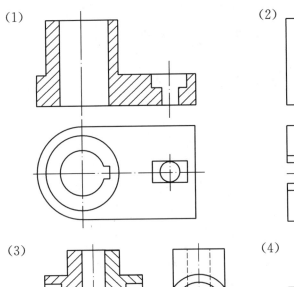
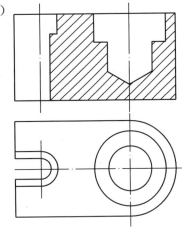

(3)
(4)

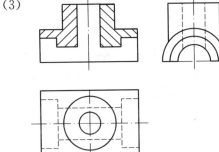
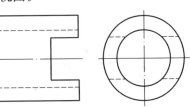

4. 补画下图中的第三视图，并将主视图改为全剖视图。

(1)
(2)

(3)

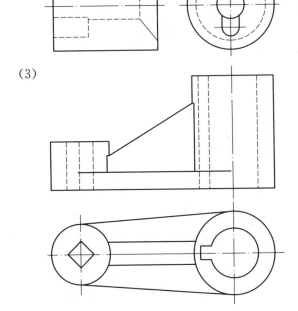

项目二　识读盘盖类零件图

1. 根据给出的轴测图，绘制六个基本视图。

（1）按规定位置配置　　　　　　　　　　（2）自由放置

2. 根据轴测图绘制零件图。

其中：图中孔均为通孔，

　　　未注倒角 C1.5，

　　　未注圆角 R2，

要求：

（1）用半剖和局部剖表示零件结构；

（2）材料 HT150；

（3）技术要求自定；

（4）用 A4 图纸留装订边，画标题栏。

3. 在图的上方将主视图用合适的方法改为全剖视图。

（1）　　　　　　　　　　　　　　　　（2）

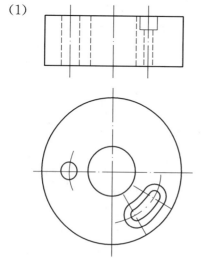

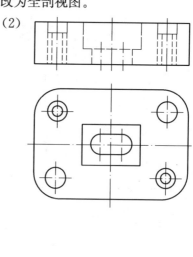

总结：剖切面的剖切位置一般经过孔和槽的_____；

旋转剖适用于：

阶梯剖适用于：

半剖适用于：

（3）

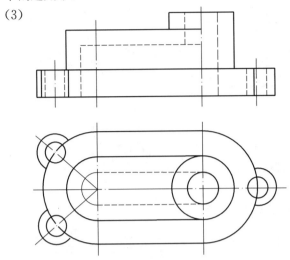

4. 看懂视图，在指定位置将主视图改为半剖视图。

（1）　　　　　　　　　　　　　　（2）

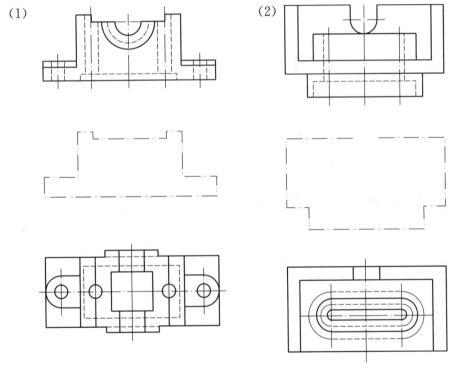

项目三　识读齿轮轴零件图

1. 外螺纹，规格 $d=$M20，杆长 40 mm，螺纹 30 mm，倒角 C2，按规定画法绘制螺纹的主、左视图。

2. 内螺纹，规格 $D=$M30，杆长 40 mm，钻孔 25 mm，螺纹长 20 mm，孔口倒角 C2，按规定画法绘制螺纹的主、左视图。

3. 指出图中的错误，并在空白处绘制正确图形。

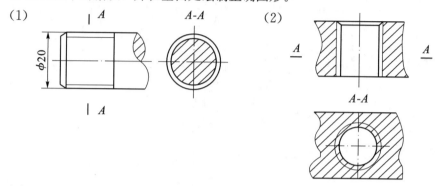

(1)　　　　　　　　　　　　　　　　(2)

(3)

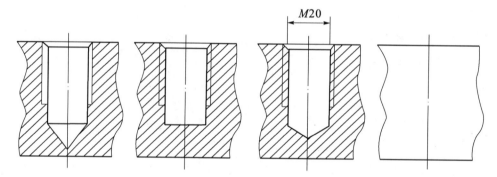

4. 在右图中将螺杆旋合（拧进）螺孔中，其旋合长度为 10 mm，画出其连接图。

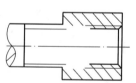

5. 补画完齿轮的两个视图，已知 $m=3$，$z=20$，写出主要计算式。

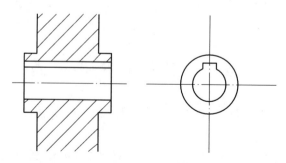

6. 根据下图齿轮啮合图中的左视图，补画剖视的主视图中缺漏线。

（其中大齿轮齿根圆 $d_1=68$ mm，小齿轮齿根圆 $d_2=30$ mm）

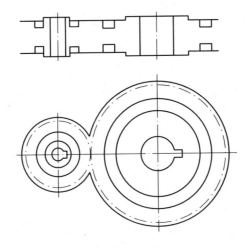

7. 找出图中的错误，把正确的局部视图画出。

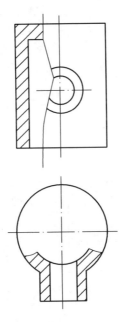

8. 将主视图改为局部剖视图。

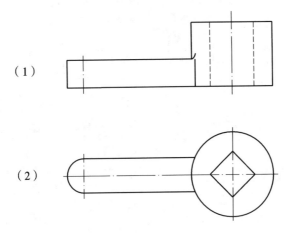

（1）

（2）

9. 在视图下方的各断面图中选出正确的断面图，并进行标注。

(1)　　　　　　　(2)　　　　　　　(3)

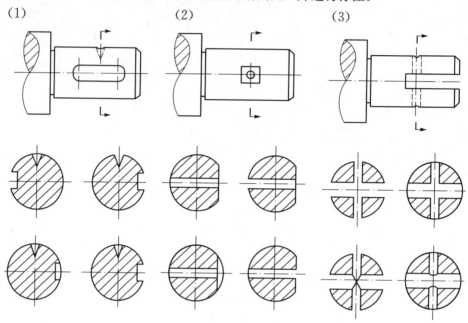

阀体零件图

10. 参照图中的轴测图，画出在平面图中指定位置的移出断面图。

半圆形键槽　　普通平键槽

通孔

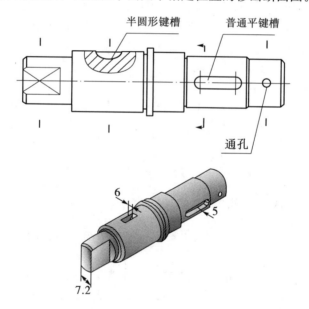

11. 作肋板的重合断面。

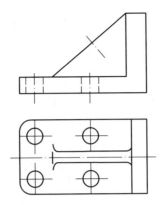

12. 抄画齿轮轴零件图，并识读齿轮轴零件图，并回答问题。

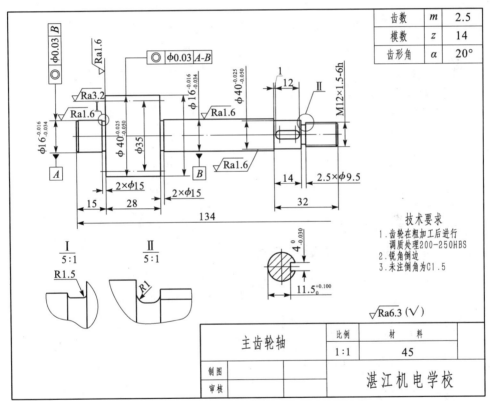

齿数	m	2.5
模数	z	14
齿形角	α	20°

（1）该零件图采用了_____个图形表达。分别为_____、_____和____
____。

（2）M12×1.5-6g含义：表示此处为_____结构，M表示_____螺纹，旋向
为_____，大径为_____，螺距为_____。

（3）说明含义：$\boxed{\odot\ |\phi0.03|A\text{-}B}$基准要素_____，被测要素_____
_____，公差项目_____，公差值_____。

（4）齿轮部分的模数为_____，齿数为_____，分度圆直径为_____，齿
宽为_____。

31

（5）平键键槽的定位尺寸为_____，键槽的宽度为_____，长度为_____，深度为_____。

（6）该零件表面粗糙度最高等级的代号是_____，最低等级的代号是_____ ____。

（7）表示该轴段的基本尺寸为_____，最大极限尺寸为_____，最小极限尺寸为_____，公差为_____。

（8）该零件有_____处退刀槽，尺寸分别为_____和_____。

项目四　识读杠杆零件图

1. 画出 A 向斜视图和 B 向局部视图。

(1)　　　　　　　　　　　　　　　　(2)

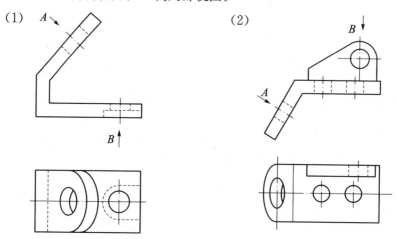

2. 看懂视图，在指定位置绘制斜剖视图。

$A—A$

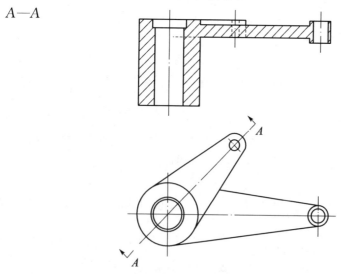

3. 抄画支架零件图，并识读支架零件图，并回答问题。

（1）零件的名称是_____，材料是_____，绘图比例是_____，用途是____

_____。

(2)支架零件图共用了_____个视图,视图的名称分别是_____
__,其中主视图中用了局部剖和_____。

(3)支架的工作部分由两部分组成,一部分是带孔的圆柱,外圆直径为_____和__
_____,孔的直径为_____,另一部分是拱门结构,处于倾斜位置,拱门结构的定位
尺寸是_____,定形尺寸是_____;连接部分为T型结构,其厚度为_____。

(4)支架零件中尺寸公差要求最高的是_____,有形位公差的表面是_____,
表面粗糙度要求最高的数值是_____,该零件有无其它技术要求_____。

(5)绘制其立体草图。

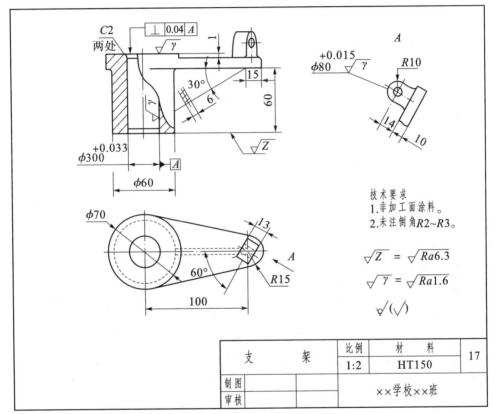

项目五 识读泵体零件图

1. 抄画阀体零件图并回答问题,想象零件结构,绘制立体草图。

(1)阀体零件图共用了_____个视图,视图的名称分别是_____、_____、
_____,这几个视图中分别采用的表达方法为_____

_____。

(2)图中共有_____处相贯线,分别是_____孔与_____孔产生的相贯线。

(3)对于不通孔底部锥形角是_____度,为什么?

（4）阀体零件中哪些结构有尺寸公差？＿＿＿＿、＿＿＿＿，表面粗糙度要求最高的部位是＿＿＿＿，数值是＿＿＿＿，为什么这些部位有尺寸公差，表面结构要求也很高？

（5）3×M5−7H 表示 3 个螺纹孔，钻孔深度为 10，螺纹深度为 7.5，它们的定位尺寸是＿＿＿＿，EQS 表示＿＿＿＿。

（6）俯视图中 46 尺寸处有两个小圆弧表示＿＿＿＿，其半径一般为 R2～R3。

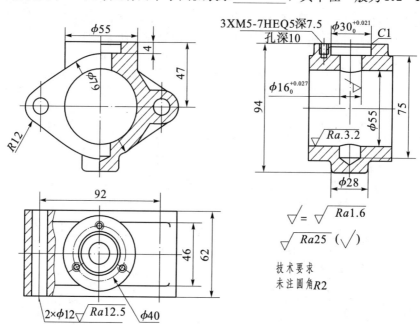

2. 抄画护口板零件图。

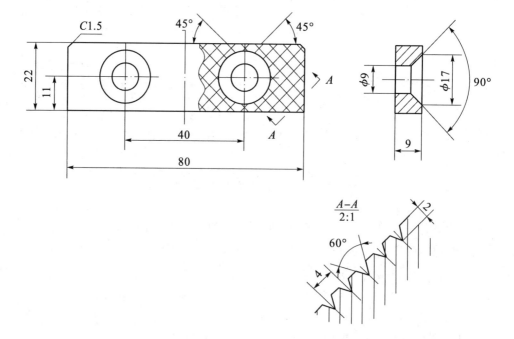

3. 抄画三通管的表达方案，参照轴测图理解各视图中结构表达方法。

（1）三通管零件图共用了_____个视图，视图的名称分别是_____、_____、_____，这几个视图中分别采用的表达方法为_____。

（2）主视图中的圆弧是_____线，为何不画到与其它直线相交？

（3）配合面有_____、_____，表面粗糙度的 Ra 值一般取_____，贴合面有_____、_____，表面粗糙度的 Ra 值一般取_____，钻孔内表面的表面粗糙度的 Ra 值一般取_____较合适。

模块四 装配图

项目一 识读螺栓、销、键连接

1. 请补画下图螺栓连接中的缺漏线。

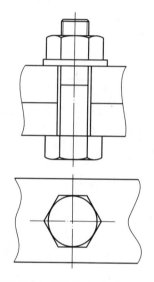

2. 查表标注下列螺纹紧固件的尺寸数值。其中：

(1) Ⅰ型六角头螺母（GB/T6170−2000）M12，A 级：

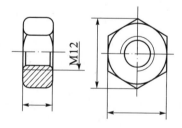

(2) 双头螺柱（GB/T899−2000）M12，公称长 50 mmB 型：

(3) 开槽沉头螺钉（GB/T69−2000）M12，公称长 40 mm：

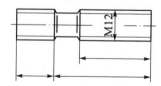

（4）平垫圈（GB/T97.1－2000）

10－140HV，A级：

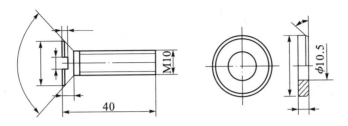

项目二 识读装配图

1. 抄画下图所示的轴承和镜架装配图，理解其中的画法。

（1）

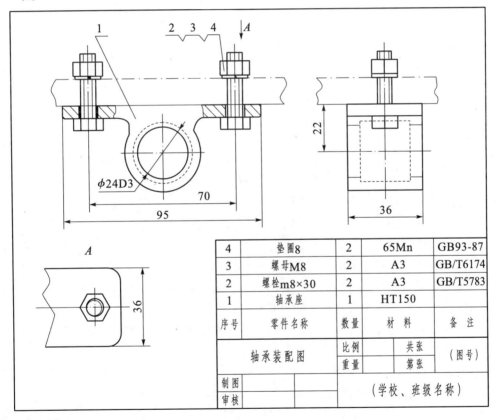

4	垫圈8	2	65Mn	GB93-87
3	螺母M8	2	A3	GB/T6174
2	螺栓m8×30	2	A3	GB/T5783
1	轴承座	1	HT150	
序号	零件名称	数量	材料	备注

轴承装配图		比例		共张	（图号）
		重量		第张	
制图			（学校、班级名称）		
审核					

图中采用的一般画法有：

图中采用的特殊画法有：

图中采用的规定画法有：

（2）

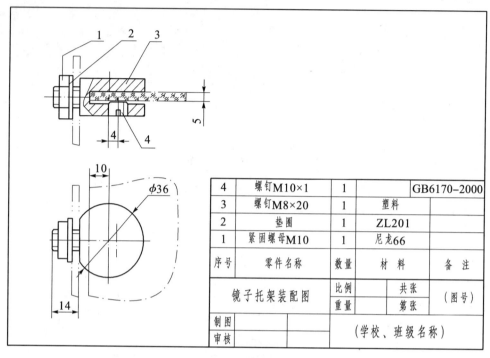

4	螺钉M10×1	1		GB6170-2000
3	螺钉M8×20	1	塑料	
2	垫圈	1	ZL201	
1	紧固螺母M10	1	尼龙66	
序号	零件名称	数量	材料	备注

镜子托架装配图	比例		共张	（图号）
	重量		第张	
制图				（学校、班级名称）
审核				

抄画装配图

2. 参照齿轮油泵装配示意图，识读齿轮油泵装配图，回答以下问题。

（1）从标题栏和明细栏可知部件的名称为_____，共有_____零件组成，其中有_____种标准件，装配体的作用是_____；

（2）装配图共用了_____个视图，分别是_____，其中主视图采用_____，它将油泵的内部结构特点、零件之间的装配和连接关系大部分都表达出来，同时还简洁地表达了齿轮油泵的外部形状。左视图采用了_____画法，由于前后对称，采用了_____视图，清楚地表达齿轮啮合和齿轮与泵体之间的装配关系，左视图中还有两处_____剖，用来表达进出油口和安装孔。

（3）齿轮油泵的传动关系：齿轮油泵的动力从传动齿轮11输入，通过键_____，将扭矩传递给3_____，再通过齿轮啮合带动2_____转动。

（4）齿轮油泵的工作原理：当_____和_____在泵体内做啮合运动时，两齿轮的齿槽不断地将进油口中的油输送到出油口，这样，进油口内的压力降低而产生局部真空，油池内的油在大气压的作用下不断地进入进油口。而出油口内由于油量的不断增加，压力升高，齿轮油泵就可以把油经出油口输送到机器所需要的部位。

（5）齿轮油泵的装配关系：齿轮油泵的内腔容纳一对传动齿轮。将传动齿轮轴3和齿轮轴2装入_____后，两侧有_____和_____支撑这一对齿轮轴做旋转运动；用_____将左右端盖与泵体定位后，再用_____紧固；为防止泵体6与左、右端盖结合面处和传动齿轮轴的伸出端漏油，分别采用了_____、_____、_____、_____进行密封。

（6）齿轮油泵的配合关系：传动齿轮轴 3 和齿轮轴 2 轮齿的齿顶与泵体 6 的内腔壁之间的配合尺寸是_____，传动齿轮轴 3 和齿轮轴 2 左右两端的轴颈与左右端盖的孔之间的配合尺寸为_____，传动齿轮轴 3 和传动齿轮 11 的孔之间的配合尺寸为_____。

（7）两齿轮中心距的要求为_____，齿轮油泵的安装尺寸为_____，外形尺寸为_____，齿轮油泵的规格性能尺寸为_____。从这些尺寸可以看出，齿轮油泵是一个体积不大、结构比较简单的部件。

（8）齿轮油泵安装时的技术要求有哪些？

齿轮油泵装配示意图

3. 参照齿轮油泵装配示意图和齿轮油泵装配图，拆画零件 10 压紧螺母。

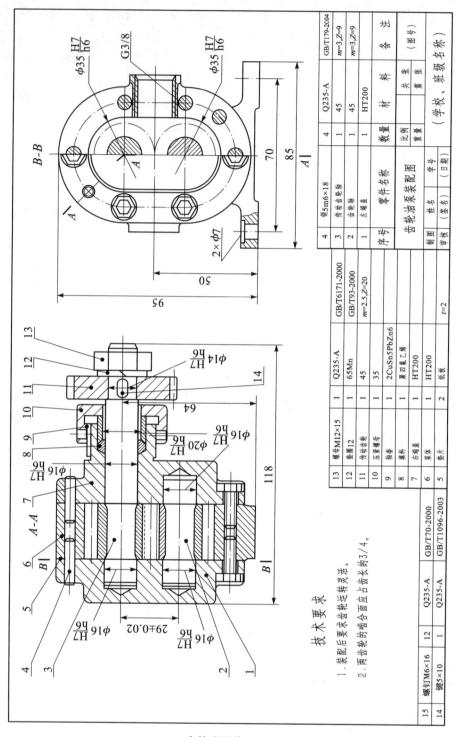

齿轮油泵装配图

技术要求

1. 装配后要求齿轮转运转灵活。

2. 两齿轮的啮合面应占齿长的3/4。

| 15 | 螺钉M6×16 | 12 | Q235-A | GB/T70-2000 |
| 14 | 键5×10 | 1 | Q235-A | GB/T1096-2003 |

13	螺母M12×15	1	Q235-A	
12	垫圈12	1	65Mn	GB/T6171-2000
11	传动齿轮	1	45	GB/T93-2000
10	压紧螺母	1	35	m=2.5,Z=20
9	衬套	1	ZCuSn5PbZn6	
8	填料	1	聚四氟乙烯	
7	右端盖	1	HT200	
6	泵体	1	HT200	
5	垫片	2	纸套	

4	销5m6×18		Q235-A	GB/T179-2004
3	传动齿轮轴	1	45	m=3,Z=9
2	齿轮轴	1	45	m=3,Z=9
1	左端盖	1	HT200	
序号	零件名称	数量	材料	备注

齿轮油泵装配图

项目三 第三角画法

1. 请各写出下列的第一角画法视图名称和第三角画法视图名称，比较两种画法的不同。

(1) 第一角画法

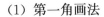

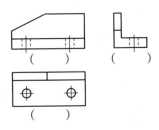

(2) 第三角画法

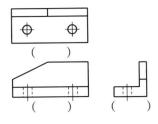

2. (1) 写出第三角画法的六个基本视图名称；

(2) 将第三角画法转化为第一角画法；

(3) 想象物体形状，绘制出物体轴测草图。

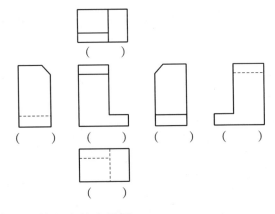

3. 请绘制第三角画法的六个基本视图。

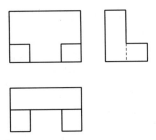

4. 请将第一角画法转化成第三角画法。

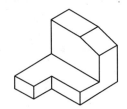